畜禽粪污土地承载力测算技术开发与应用

刘福元 ◎ 主　编

杨井泉　郜兴亮 ◎ 副主编

中国农业出版社

农村读物出版社

北　京

图书在版编目（CIP）数据

畜禽粪污土地承载力测算技术开发与应用 / 刘福元
主编. —北京：中国农业出版社，2023.6
ISBN 978-7-109-30798-8

Ⅰ.①畜… Ⅱ.①刘… Ⅲ.①畜禽－粪便污染－土地
承载力－测算－研究 Ⅳ.①X713

中国国家版本馆 CIP 数据核字（2023）第 108596 号

中国农业出版社出版
地址：北京市朝阳区麦子店街 18 号楼
邮编：100125
责任编辑：程　燕
版式设计：小荷薄睿　　责任校对：吴丽婷
印刷：北京中兴印刷有限公司
版次：2023 年 6 月第 1 版
印次：2023 年 6 月北京第 1 次印刷
发行：新华书店北京发行所
开本：720mm×960mm　1/16
印张：10.75
字数：190 千字
定价：80.00 元

畜禽粪污是放错地方的资源，肥料化是其主要利用方式。农业农村部制定的《畜禽粪污土地承载力测算技术指南》，依据畜禽粪污养分供给和植物氮磷养分需求，提出了区域畜禽粪污土地承载力、规模养殖场配套土地的具体测算方法，是畜禽粪污肥料化还田利用的核心技术，是优化畜牧业区域布局和加强规模养殖场技术指导的重要依据，在促进我国畜禽粪污还田利用与种养平衡，构建农牧结合发展新模式，推进畜牧业高质量发展方面发挥了重要指导作用。

以新疆农垦科学院养殖环境污染治理创新团队为主，历时五年，在国家畜禽粪污土地承载力测算指南的基础上，进行本土化创新，补齐并细化了新疆地区植物百公斤收获物营养需要量、各地土壤养分含量以及畜禽粪尿产生量及营养含量，并就其可靠性进行了专家论证，为畜禽粪污的合理应用提供了一套完整的参数数据；细分并创建出与兵团统计年鉴中与种养殖相关数据相匹配的兵师两级区域畜禽粪污土地承载力测算方式，使兵师两级区域测算数据的采集更加便捷和权威；细分并总结出新疆生产建设兵团不同畜禽品种养殖方式的6种养殖场粪污收集与处理类型，及其相应的参数体系，减少了测算过程中的人为误判，使测算结果更加准确；开发出专业软件网络版，测算结果实现一键下载保存打印，使复杂、耗时、易错的手工运算变得简便快捷，非专业人员经简单培训后即可操作，使测算操作在兵团全面推广应用成为可能；软件在测算的基础上增加了评价功能，不但可以根据需求进行种养信息的修改调整计算，还可以预算出未来承载力指数达到平衡点时的种养潜力，拓展和延伸了软件测算功能。通过补齐测算参数体系、总结定式参数组合、开发专业网络软件、拓展延伸评价功能，研发出适合新疆生产建设兵团应用的兵师团场四级 6 种养殖模式下的"畜禽粪污土地承载力测评系统"。

　　本书共分为 7 章，主要内容包括畜禽粪污土地承载力总论、畜禽粪便产生量及养分含量测定、土壤养分及含量测定、作物单位产量养分需要量及测定、畜禽粪便土地承载力测算方法、畜禽粪污土地承载力测评系统开发以及畜禽粪污土地承载力技术应用，包含了主编多年来的研究成果和技术经验，同时也借鉴了近年来国内外多位学者的最新研究成果，在此一并致谢！鉴于作者水平有限，编写时间仓促，书中有不妥当的地方，恳请同行给予批评指正，并多提宝贵意见和建议，以便本书再版时纠正。

主编　刘福元

2023 年 2 月 22 日

目 录
Contents

第一章

畜禽粪污土地承载力总论

一、承载力概述

（一）承载力

1. 承载力定义

承载力是从工程地质领域引申来的概念，其本意是指地基的强度对建筑物负重的能力，现已演变为对发展的限制程度进行描述的最常用的概念之一，在环境、经济和社会的各个领域都得到了不同程度的应用。

生态学最早将此概念转引到本学科领域内。其特定含义是指在某一环境条件下，某种生物个体可存活的最大数量。当环境是无限制时，即两个物种生长的空间、食物和其他有机体等都没有限制性因素影响时，该物种的增长率为最大，唯一限制因子为物种自身的繁殖率与生长率，此时的增长率称内禀自然增长率。可用数学公式表示为：

$$\frac{dN}{dt} = rN$$

其积分式为：$N_t = N_0 \times e^n$

式中：N_0——种群开始时的数量；

$\quad\quad N_t$——种群在 t 时刻的数量；

$\quad\quad t$——时间；

$\quad\quad e$——2.718 28……自然对数；

$\quad\quad r$——种群的瞬时增长率。

式中 r 为种群在无限制环境下的增长系数，在种群建立稳定不变的年龄组成后，r 值最大，通常称为生物潜能，种群的增长曲线呈 J 形。

通常情况是，种群开始缓慢增长，然后加快，但不久后，由于环境阻力所限制，增长速度逐渐降低，然后达到平衡水平并维持下去，种群的增长呈 S 形（Logistic 模型）。可用数学公式表示为：

$$\frac{dN}{dt} = rN\frac{(K-N)}{K} = rN\left(1 - \frac{N}{K}\right)$$

其积分式为：$N_t = \dfrac{K}{1 + e^{a-n}}$

式中：N_t——种群在 t 时刻的数量；

t——时间；

e——2.718 28……自然对数；

r——种群的瞬时增长率；

a——曲线对原点的相对位置，数值取决于 N_0。

式中 K 为种群增长最高水平，即超过此水平种群不再增长，该最大值称为负载量或承载量（Carrying Capacity）。

2. 承载力定量化方法

定量化是承载力概念具有可操作性的保证。由于承载力核算涉及经济、社会、自然等诸多因素，涉及面广、内容复杂，目前尚无统一和成熟的方法。在长期发展过程中，主要形成了以下定量化方法：①概念模型法，②供需分析法，③指标体系法，④系统动力学法，⑤多目标决策分析法，⑥生态足迹法，⑦能值分析法。

（二）资源承载力

1. 资源内涵

广义的资源指人类生存与发展所需要的所有物质和非物质的各种要素，如人类在生产、生活和精神上所需求的物质、能量、信息、劳力、资金和技术等。这里既包含能够直接使用的自然物，例如水、空气、阳光、生物、矿产等，也包含房屋、土地、江河、海洋等空间，还包括一些无形的资源，例如知识、信息、技术、智力等。人类社会存在与发展，不但需要有形的各种物质，还需要各种非物质的资源。狭义的资源则仅仅是指自然资源，即自然界进入生产过程的各种物质资源。联合国环境规划署在1972年给出的自然资源的定义是：所谓资源，特别是自然资源是指在一定时间条件下，能够产生经济价值，提高当前和未来福利的自然环境因素的总称。

2. 资源承载力概念

资源承载力是指我们所生存的环境，当人类的活动分布在一定范围之内时，其可以通过自我调节和完善来不断满足人的需求。但当超过一定限度时，其整个系统就会出现崩溃，这个最大限度就是资源承载力。

联合国教科文组织提出的资源承载力定义是：在可预见的时期内，利用本地资源及其他自然资源和智能、技术等条件，在保证符合其社会文化准则的物质生活水平下所持续供养的人口数量。包括水资源承载力、土地资源承载力、能源承载力、矿产资源承载力等。

3. 最大资源承载力和适度资源承载力的区别

最大资源承载力：一定区域范围内通过各种技术手段等可达到的资源承载能力。

适度资源承载力：一定区域范围内在不危害生态系统前提条件下的资源承载能力。

（三）环境承载力

1. 环境内涵

环境是指某一特定生物体或生物群体以外的空间，以及直接或间接影响该生物体或生物群体生存的一切事物的总和。环境总是针对某一特定主体或中心而言的，是一个相对的概念，离开这个主体或中心也就无所谓环境，因此环境只具有相对的意义。对生物学来说，环境是指生物生活周围的气候、生态系统、周围群体和其他种群。对人类来说，环境是指人类周围的自然与社会总体，可以分为自然环境、社会环境、经济环境、文化环境等。

2. 资源和环境的区别

对于人类主体而言，资源是指人类在生产与生活中可以利用、相对集中的物质资料，是人类生产和生活资料的来源。环境则是客观存在的物质世界中同人类、人类社会发展相互影响的所有因素的总和。也就是说，资源是对人类有用的一种环境要素，是环境内涵中的一部分，二者不是并列关系，而是包含关系。

3. 环境承载力概念

广义的环境承载力即是人类生态学视角下的生态承载力，狭义的环境承载力通常是环境容量承载力的简称，指在某一时期，某种状态或条件下，某地区的自然环境所能承受的人类排放污染物的阈值。本质上，狭义环境承载力是将环境作为一种功能性资源，基于环境纳污"阈值"视角定义的一种承载力类型。

4. 环境—资源承载力

环境—资源承载力是指在一定时空范围内，在一定的技术条件下，在可持续发展的前提下，资源与环境所能供养的一定生活水平下的人口数量。

5. 资源承载力和环境承载力的区别

资源承载力一般用于单因素的研究。环境承载力一般用于研究区域的全部环境要素，综合考虑。

（四）生态承载力

1. 生态内涵

生态就是指一切生物的生存状态，以及它们之间和它与环境之间环环相扣的关系。"生态"一词最早是针对有生命的生物体而言的，主要是指生物在一定的自然环境下生存和发展的状态，既包括它们的生理特性和生活习性，也包括各种生物（如人类、动物、植物、真菌、细菌、病毒等）之间和各种生物与所在环境之间的相互联系和作用。

2. 生态承载力概念

自然生态学视角下的生态承载力通常是指在某一特定环境条件下（主要指生存空间、营养物质、阳光等生态因子的组合），某种生物种群存在数量的最高极限。人类生态学视角下的生态承载力是指生态系统的自我维持、自我调节的能力，资源与环境子系统的供容能力，及其可维育的社会经济活动强度和具有一定生活水平的人口数量。对于某一区域的生态承载力概念，是某一时期、某一地域、某一特定的生态系统，在确保资源的合理开发利用和生态环境良性循环发展的条件下，可持续承载的人口数量、经济强度及社会总量的能力。

3. 生态—资源承载力

生态—资源承载力指一定时间，一定区域范围内，在不超出生态系统弹性限度条件下的各种自然资源的供给能力以及所能支持的经济规模和可持续供养的具有一定生活质量的人口数量。

4. 生态—环境承载力

生态环境承载力就是确定生态系统对人类活动的最大承受能力，所谓对人类活动的最大承受能力是指在不破坏生态系统服务功能的前提下，生态系统所能承受的人类活动的强度。

也有人认为是指在一定生活水平和环境质量要求下，在不超出生态系统弹性限度的条件下，环境子系统所能承纳的污染物数量，以及可支撑的经济规模与相应的人口数量。

（五）土地承载力

1. 土地承载力的定义

土地承载力的明确定义是由美国的威廉·福格特和威廉姆·A·阿兰在1949年提出的。前者的定义是：土地为复杂的文明生活服务的能力。后者的定义是：在维持一定生活水平并不引起土地退化的前提下，一个区域能永久供养的人口数量及人类活动水平，或土地退化前区域所能容纳的最大人口数量。

在20世纪50年代至70年代，H·科克林、R·卡内罗、P·高罗、S·布拉什等认为，土地承载力是在不对土地资源造成不可逆负面影响的前提下，土地生产潜力所能容纳的最大人口数量；世界自然环保联盟（IUCN）、联合国环境规划署（UNEP）、世界自然基金会（WWF）给出的定义则是：地球或任何一个生态系统所能承受的最大限度的影响就是其承载力。

中国科学院自然资源综合考察委员会对土地承载力的定义是：在未来不同的时间尺度上，以可预见的技术、经济和社会发展水平及与此相适应的物质生活水准为依据，一个国家或地区利用其自身的土地资源所能够持续稳定供养的人口数量。

曾维华、王华东则将土地承载力视为在某一时期，某种状态或条件下，或限制因素分别达到其限度值时，环境所能承受人类活动作用的阈值。

土地承载力的诸多定义可综述如下：在一定技术水平、投入强度下，一个国家或地区在不引起土地退化，或不对土地资源造成不可逆负面影响，或不使环境遭到严重退化的前提下，能持续、稳定支持具一定消费水平的最大人口数量，或具一定强度的人类活动规模。

2. 评价土地承载力的方法

评价土地承载力的方法主要包括：基于土地生态适宜性分析方法、土地生产潜力计算方法、气候因子模型方法等。

3. 土地承载力的研究方法

具体土地承载力的研究方法主要包括：单因子作物潜力估算法、多目标决策分析法、投入产出法、土地资源分析法、线性规划方法、系统动力学方法等。

4. 畜禽粪污土地承载力

畜禽粪污土地承载力是指在土地生态系统可持续运行的条件下，一定区域内耕地、林地和草地等所能承载的最大畜禽存栏量。

二、 中国畜牧业发展历程

（一）中国畜牧业发展历程

1. "一五"至"五五"前期（1953—1978 年）

20 世纪 50 年代后期，为了解决城市供应和出口需要，在一些大、中城市郊区开始建立一批以猪禽为主的副食品基地。60 年代建设猪、禽、兔外贸出口基地。国家的资金投向主要用于建设基层畜牧兽医站、家畜改良站、草原工作站、种畜场、畜牧兽医科研机构等，促进了畜牧业发展。

2. "五五"后期及"六五"时期（1979—1985 年）

由于农村实行家庭联产承包责任制，牲畜作价到户，实行户有户养，农牧民有了生产经营的自主权，同时逐步取消了对生猪的统派购制度，放开了畜产品价格，调动了农牧民的生产积极性，使畜牧业发展呈现出蓬勃发展的势头。

3. "七五""八五"和"九五"前期（1986—1998 年）

在这一时期，畜牧业由计划经济开始走向社会主义市场经济，畜牧业生产的商品化、专业化、社会化程度不断提高，畜禽养殖不再是农户的副业，而变成了一个新兴的独立行业。在经营上，产、供、销一体化。为适应形势发展的需要，国家先后启动了商品瘦肉型猪基地、菜篮子工程、牧区开发示范工程、动物保护工程和良种工程等项目，保证了改革开放以来畜牧业持续、稳定、快速发展。

4. "十五""十一五"时期（2000—2010 年）

小规模分散饲养正在向规模化、集约化、标准化饲养方式转变，畜牧业正处于从传统畜牧业向现代畜牧业转变。实施了"无公害食品行动计划"，制定并发布了畜牧业国家和行业相关质量和检测方法标准。畜牧业发展正在由产量扩张向产量、质量和效益并重转变。规模化养殖比重稳步提高，畜禽养殖已从农户散养为主进入散养与规模化饲养并重的阶段。畜牧业优势生产区域开始形成。产业整合速度加快，畜牧业专业合作组织和龙头企业已成为我国畜牧业发展的带动力量。牧区和半农半牧区舍饲半舍饲养殖方式逐步推广。草原保护建设实现"重点突破、整体推进"，草原生态加速恶化的趋势得到初步遏制。牧业发展带动了相关产业加快发展，创造了大量就业机会，有效促进了农牧民增收，部分畜牧业发达地区的养殖业现金收入占农民现金收入的 50% 以上。但是畜牧业生产方式落后，仍以千家万户的小规模、分散饲养为主，生产设施差，承受疫病和市场风险能力弱。在一些养殖集中地区，尤其是大城市郊区，养殖场环境污染问题严重，控制难度和治理成本不断加大。大量农作物秸秆没有得到充分利用，草山草坡开发不足，三元种植结构调整和冬闲田饲草种植开发进展不快。兽医管理体制尚未完全理顺，一些地区基层动物防疫队伍不够稳定，兽医基础设施较差。

5."十二五""十三五"期间（2011—2020 年）

草食畜牧业基本形成了集育种、繁育、屠宰、加工、销售为一体的产业化发展模式，产业链条逐步延伸完善。草食畜禽产业素质加快提升，众多小规模养殖户加快退出，规模养殖企业兼并重组势头强劲，标准化规模养殖程度稳步提高。生猪标准化规模养殖水平不断提高，生产区域化、产业化进程加快。生猪定点屠宰逐步规范。

草食畜产品有效供给不足，供需存在一定缺口；对国产奶类产品消费信心不足，制约了国内奶牛养殖业发展；产品结构不尽合理，高品质牛羊肉比重不高，同质化严重，不能满足差异化消费需求。草食畜禽养殖方式仍然落后，区域布局不合理，种养结合不紧密，粪便综合利用率不足一半，局部地区环境污染问题突出，环境保护压力较大。产业扶持措施持续发力，但政策综合配套性仍需进一步加强。一些地方缺乏发展养殖业的积极性，"菜篮子"市长负责制落实不到位；加工流通体系培育不充分，产加销利益联结机制不健全；基层动物防疫机构队伍严重弱化，一些畜牧大县动物疫病防控能力与畜禽饲养量不平衡，生产安全保障能力不足；草食家畜发展滞后，牛羊肉价格连年上涨，畜产品多样化供给不充分。随着规模化、集约化程度不断提高，农牧结合不紧密和区域布局不合理等问题逐步显现，生猪养殖与环境保护矛盾日益突出，特别是南方水网地区等环境敏感区的环保压力加大，生猪生产绿色发展面临严峻挑战。受供给总量限制，土地供需矛盾突出，生猪养殖空间十分有限。国内生产成本整体偏高，行业竞争力较弱，畜产品进口连年增加，不断挤压国内生产空间。

（二）畜牧业粪污对环境的污染及产生原因

1. 畜牧业粪污对环境的污染

（1）对大气的污染。由于畜禽高度密集，厩内潮湿，灰分、粪便、霉变垫料及呼出的二氧化碳等散发出恶臭气，研究表明臭气成分中臭味化合物有 168 种，其中 13％以上属于鲜粪成分。

（2）对水体的污染。畜禽粪便能直接或间接进入地表水体，导致河流严重污染，水体严重恶化，致使公共供水中的硝酸盐含量及其他各项指标严重超标，其对于水体的污染不亚于工业污水。同时，畜禽粪便尿液淋溶性极强，可以通过地表径流污染地下水，也可经过土壤渗透污染地下水。

（3）对土壤的危害。对土壤的危害主要表现在土壤的营养积累，动物粪便作为有机肥长期使用，将导致 N、P、Cu、Zn 及其他微量元素在土壤中的富集。

（4）对生物的危害。畜禽污水会引起传染病和寄生虫的蔓延，传播人畜共患病，直接危害人的健康，特别在非冬季节，畜禽粪便滋生大量蚊蝇，使环境中病原种类、病原菌数量增大，从而造成人、畜传染病和寄生虫的蔓延。

2. 畜牧业粪污污染环境的原因

养殖污染是在一定社会经济条件下，畜牧业发展到一定阶段时出现的问题。在传统的家庭畜禽养殖中，畜禽粪便可以作为有机肥料及时使用，一般不会产生严重的环境污染。而规模化畜禽养殖的情况完全不同。由于规模化畜禽养殖导致了农牧严重脱节，再加上畜禽养殖环节管理滞后，畜禽生产只重视经济效益、社会效益，而忽视了环境效益和生态效益，从而使畜禽粪尿成为畜产公害。

（1）畜牧业经营方式及饲养规模的转变。20 世纪 80 年代以前，我国农村基本处于自然经济时期，畜禽养殖业非常落后，大多分散经营，饲养头数少、规模小，家畜废弃物可及时得到处理。加之那时畜禽养殖在农村是以副业的形式出现的，种植、养殖一条龙，畜禽粪便绝大部分作为农家肥料直接施入农田，对环境污染较轻。80 年代以后，随着我国各地"菜篮子"工程的实施，畜禽养殖业迅速发展，养殖规模越来越大，逐步发展成为一个独立的行业。

由于畜禽养殖业从分散的农户养殖转向集约化、工厂化养殖，养殖场规模变大、饲养数量增多，使大量的粪便污水相对集中，而我国由于土地制度的制约，绝大多数规模化养殖场周围没有相应的配套耕地对其产生的粪便进行消纳，畜禽粪便不能及时被农业利用，从而使畜禽粪便发生变"宝"为"废"、变"利"为"害"的质的转变。

（2）规模化畜禽养殖场区域布局不合理。20 世纪 90 年代为了解决城市居民的肉、蛋、奶供应问题，国家实施"菜篮子"工程，各级政府高度重视畜禽养殖业的发展。考虑到运输等方面的原因，为降低成本，初期养殖场多建在交通比较便利的城乡结合地区。由政府或集体投资、或吸引外资，引进发达国家的技术，在城市郊区兴建了大批生产周期短、便于机械化生产的大型现代化养猪场、养鸡场。随着城市的发展和人口的增加，有些养殖场已与周边城镇和居民点日益接近、连为一体，甚至成为城区的一部分，形成了大、中城市周围规模化畜禽养殖场比较集中的状况，加快了大中城市生态环境的恶化。以北京、上海、天津的周边畜禽养殖业情况为例，大中城市周围畜禽养殖场的规模化经营水平在70%～95%，高于全国平均水平。

由于畜禽养殖业从牧区、农区向城市、城镇周边大量转移，从人口稀少的偏远农村向人口稠密的城郊地区逐渐集中，从而造成农牧脱节，粪便不能及时送到农田施用，致使城郊粪尿堆积，环境恶化。

（3）农业由使用粪肥转向使用化肥。随着我国的改革开放，农村劳动力结构发生了重大变化，农村劳动力紧缺，留下从事种植业生产的多为弱劳动力。由于粪肥体积大、用量多，畜禽粪尿还田费劳力、成本高，而化肥具有肥效高，以及运输、贮存、使用方便等特点，深受农民欢迎，因而化肥得以大量使用。现代农业的化肥代替了传统的有机肥，导致畜禽粪肥的还田利用率降低。根据生态环境部对全国规模化畜禽养殖业污染情况调查中化肥及有机肥用量的统计，反映出我国自20世纪80年代以来使用化肥的数量和比例不断上升，而有机肥大幅度下降的情况，可以认为"喜化肥弃有机肥"是导致畜禽粪污造成环境污染的一个重要原因。

由于畜禽养殖业集约化的程度越来越高，专业化特征越来越明显，最终导致了养殖业与种植业的日益分离。从事养殖的不种地，粪便不能当作肥料；种地的不再从事养殖，农田靠施化肥，畜禽粪便用作农田肥料比例大幅度下降，致使城郊畜牧场密集区的粪便积压，成为废弃物，并导致环境污染。

（三）畜禽粪污治理政策发展演化

1. 粪污治理空白阶段（1949—1992年）

在此阶段，国家经济总量较小，综合国力较弱，技术水平也相对较低。畜禽养殖以家庭养殖为主，农户和城市周边菜农将畜禽粪便简单堆沤以农家肥的形式直接施用于不同季节大田作物和菜地。部分省份的农村为了缓解生活燃料问题，修建水压式沼气池，将人粪尿和家畜粪尿厌氧发酵，沼气作为燃料、沼渣沼液后期作为有机肥施用于大田。畜禽粪污治理方面的具体政策要求尚未形成。畜禽养殖在这一阶段得到了一定的发展，但是畜禽粪污对环境污染的意识尚未形成，并未出现关于畜禽粪污治理的相关政策。

2. 分散型自发综合利用阶段（1993—2003 年）

这一阶段，政府对畜禽粪污治理形成了初步认识，畜禽养殖带来的环境污染问题逐渐得到重视，在民间出现部分规模化畜禽养殖主体，开始研究和实践畜禽粪污治理的模式与路径。在 20 世纪的最后十年，畜牧业得到了快速发展，国家对于畜牧业发展的关注逐渐提升。国家出台一系列政策约束和完善畜牧业发展，主要在畜禽品种改良、畜禽定点屠宰和畜禽检疫 3 个方面。进入 21 世纪，经济连续增长带来的环境问题逐渐显露，国家开始重视环境保护问题，人们的环保意识逐渐形成，对于畜禽养殖业生产，除注重种畜禽、良种和防疫政策继续发挥作用的同时，国家开始关注病死畜禽无害化处理问题，首次提出防止畜禽粪便对环境造成的污染，指出畜禽养殖污染防治应遵循无害化、减量化和资源化的原则，优先进行综合利用。实际上，畜禽养殖产生的污染问题已经真实存在，部分规模化养殖主体开始思考和尝试解决畜禽养殖污染问题。学术界对于畜禽粪污治理问题的研究由此展开，主要集中在畜禽粪污治理模式方面和技术层面。

3. 强制治理与意识形成阶段（2004—2010 年）

在此阶段，可持续发展思想理念指导了农业的发展方向，循环农业的概念逐步形成并得到推广，政策上对畜禽粪污治理以强制性命令手段为主，主要以征收排污费等行政强制手段来限制规模养殖场（户）粪污排放量；以激励性手段为辅，中央财政开始为畜禽养殖污染防治提供专项资金支持。2004 年暴发禽流感，为经济发展和国民生活均带来了巨大的影响，农业部要求全国各地进行养殖布局调整，鸡鸭鹅猪等畜禽不可混养，积极出台各项政策，组织技术与设施力量，共同抵御禽流感。同年，中共中央时隔 18 年再次发布以"三农"为主题的中央 1 号文件，并且在 2004—2010 年连续七年将农业发展的方向确定为促进农民增收，国家鼓励实行合作经济，在畜禽养殖行业最大的体现就是养殖规模的不断扩大，养殖小区逐渐形成，以畜禽养殖和肉蛋奶生产为主业的合作经济组织规模不断扩大，接踵而至的是畜禽粪污产生量的不断增长。随着 2005 年颁布的《中华人民共和国固体废物污染环境防治法》的实施，要求养殖场按照国家有关规定收集、贮存、利用或者处理畜禽养殖过程中产生的粪便，污染防治成为从事畜禽规模养殖的必备条件。2006 年国家环保总局发布《国家农村小康环保行动计划》，明确指出为规模化畜禽养殖污染防治示范建设提供专项资金支持。由此畜禽粪污的治理问题正式走上历史舞台，全国各地开始大力推广沼气技术，积极解决和防治畜禽粪便污染，畜禽养殖及废弃物处理技术也被列入农业机械化重点技术。测土配方工作的实施推动了畜禽粪污生产有机肥技术的发展，同时也反向助推了畜禽粪污的有效治理。为推进社会主义新农村建设，畜禽粪便综合利用技术被列入农业和农村节能减排十大技术。在这一阶段，社会主义新农村建设为畜禽粪污治理提供了契机，积极发展现代农业为畜禽粪污治理提供了技术保障。随着相关技术的不断发展，农村居民逐渐意识到简单堆放畜禽粪污不仅污染土壤和地下水，对农业生产造成不利影响，且时刻威胁村民的身体健康。但是由于技术和意识的制约，很多地区将畜禽粪污、生活垃圾和农业垃圾一同处理，没有进行具体区分。实际上当时的沼气技术在这一方面存在技术漏洞，非常容易对环境造成二次污染。因此，有关科研部门及时实践和调整了相关技术，引导各地区畜禽养殖主体因地制宜选择畜禽粪污处理技术。

4. 技术规范与理念普及阶段（2011—2014 年）

在这阶段，开展畜禽粪污资源化利用的重要性逐渐被认识到，政府对畜禽粪污治理的引导逐渐由单纯防治向资源化利用转变，逐渐形成畜禽污染防治的具体政策要求，在各个环节形成对畜禽粪污资源化利用的技术规范，逐年增加财政资金支持力度，激励性政策逐渐占据主导地位。2011—2014 年中央 1 号文件最显著的特点是改革创新，从水利到科技、从增强农村发展活力到全面深化农村改革，无一不在昭示着农业农村发展进入了改革创新的新阶段。2011 年推进畜禽养殖的标准化和规模化是畜牧业工作的重点。沼气工程建设持续推进，在处理畜禽粪污的同时，推动了生物质能的持续发展。测土配方施肥项目成果显著，有效促进了有机、无机肥配合施用，不断推动畜禽粪污实现有效治理。粮食增产政策也将农村沼气建设和测土配方项目纳入其中，此外，农业部明确了"十二五"土肥水工作的三大目标：明确提出力争畜禽粪便等有机肥资源利用率提高 10 个百分点，主要农作物秸秆还田率提高 10 个百分点，促进农业生态环境和农产品质量安全。2012 年和 2013 年，在沼气知识宣传普及和各项新技术的支持下，包括河南省、河北省、浙江省、福建省、黑龙江省和吉林省在内的畜牧大省不断推进沼气工程建设，农作物秸秆、畜禽粪便等资源的综合利用转化程度得到提高，农业面源污染得到有效控制。2014 年国务院颁布了《畜禽规模养殖污染防治条例》，禁养限养地区的划分进一步明确了党和国家对畜禽粪污治理问题的重视和力度，条例中明确规定了禁养限养地区的划分方式，以期有效预防畜禽养殖污染。明确指出国家鼓励和支持采取粪肥还田、制取沼气、制造有机肥等方法，对畜禽养殖废弃物进行综合利用。在生态文明建设不断推进的政策背景下，随着技术的推广和知识的普及，将畜禽粪污作为农家肥直接施用，粪污中的重金属对土壤造成的危害逐渐被认识到，使用畜禽粪污配制有机肥的趋势越来越明显。畜禽粪污处理过程中节约用水的问题被提上日程，畜禽养殖污染的预防和治理进入改革创新阶段。

5. 综合治污与资源化利用阶段（2015年至今）

这一阶段，畜禽粪污治理政策进一步完善，约束对象更加明确和细化，政策实施手段多元化发展，关于畜禽粪污治理机制和模式的政策要求逐渐形成体系。2015年农业部着手推进化肥减量行动，印发《到2020年化肥使用量零增长行动方案》，有效推动了畜禽粪污治理，个别地区相继发展农业金融保险，大力促进沼气建设，在技术手段不断提升的同时，取得了良好的经济效益、社会效益和生态效益。农业部还发布了《全国农业可持续发展规划（2015—2030年）》，明确提出到2020年实现化肥农药施用量零增长，国家现代农业示范区和粮食主产县基本实现区域内农业资源循环利用，以及到2030年养殖废弃物实现基本综合利用的政策目标。在两大方针政策的引领下，畜禽粪污治理工作取得了很大进展，从化肥零增长行动到种养结合，逐步实现畜禽粪污的资源化利用。2016年12月21日，中共中央总书记、国家主席、中央军委主席、中央财经领导小组组长习近平主持召开了中央财经领导小组第十四次会议，研究"十三五"规划纲要确定的165项重大工程项目进展和解决好人民群众普遍关心的突出问题等。加快推进畜禽养殖废弃物处理和资源化，关系6亿多农村居民生产生活环境，关系农村能源革命，关系能不能不断改善土壤地力、治理好农业面源污染，是一件利国利民利长远的大好事。要坚持政府支持、企业主体、市场化运作的方针，以沼气和生物天然气为主要处理方向，以就地就近用于农村能源和农用有机肥为主要使用方向，力争在"十三五"时期，基本解决大规模畜禽养殖场粪污处理和资源化问题。

三、 畜禽粪污土地承载力

（一） 畜禽粪污土地承载力的提出背景

随着规模化养殖的推进，畜禽供种、防疫等问题得到很大程度的缓解，畜禽粪污治理的相关政策开始明显多于良种、屠宰、防疫和规模化养殖等政策，相关部门的工作重心发生了转移。

国家环境保护总局、国家市场监督管理总局发布《畜禽养殖业污染物排放标准》（GB 18596—2001），其中提到"集约化畜禽养殖业畜禽粪便还田时，不能超过当地的最大农田负荷量。"

2001年国家环境保护总局首次制定的《畜禽养殖业污染防治技术规范》（HJ/T 81—2001）提出了"根据土地消纳畜禽粪污能力确定新建养殖场规模、无消纳土地应配套粪污处理设施或机制"，但没有明确土地消纳能力的详细计算方法及指标。

2007年，国家环保总局关于加强农村环境保护工作的意见（环发〔2007〕77号）提出"依据土地消纳能力，进行畜禽粪便还田。"

2010年农业部关于加快推进畜禽标准化规模养殖的意见（农牧发〔2010〕6号）提出了："各地要从实际出发，根据不同区域特点，综合考虑当地饲草料资源条件、土地粪污消纳能力、经济发展水平等因素，认真理清发展思路，明确发展目标，发挥比较优势，形成各具特色的标准化规模生产格局。"

《畜禽粪便农田利用环境影响评价准则》（GB/T 26622—2011）则规定了畜禽粪便农田利用的环境影响评价。

2014年生效的《畜禽规模养殖污染防治条例》（国务院令第643号）是我国农村和农业环保领域第一部国家级行政法规，是农业农村环保制度建设的里程碑。其中明确规定了"畜禽粪肥应当与土地的消纳能力相适应"。这标志着畜禽养殖污染控制的政策目标从单纯的污染控制目标向促进畜禽养殖业健康发展、推动化肥减量使用，实现种植业与养殖业向可持续发展等综合目标的方向转变。

2017年，国务院办公厅《关于加快推进畜禽养殖废弃物资源化利用的意见》（国办发〔2017〕48号）提出"加快推进畜禽养殖废弃物资源化利用，制定畜禽养殖粪污土地承载能力测算方法，宜肥则肥，宜气则气，宜电则电，实现粪污就地就近利用。"

2017年，农业部提出了两种资源化利用的主要方式：建设和完善沼气工程和利用生物技术生产有机肥。

2018年，为了指导各地加快推进畜禽粪污资源化利用，优化调整畜牧业区域布局，促进农牧结合、种养循环农业发展，农业农村部制定了《畜禽粪污土地承载力测算技术指南》。按照"以地定畜、种养平衡"的原则，从畜禽粪污养分供给和土壤粪肥养分需求的角度出发，提出了畜禽存栏量、作物产量、土地面积的换算方法。

2020 年 1 月农业农村部印发的《关于促进畜禽粪污还田利用依法加强养殖污染治理的指导意见》指出，要以粪污无害化处理、粪肥全量化还田为重点，促进畜禽粪肥低成本还田利用，并特别强调要拓宽粪肥利用渠道，推动形成有效衔接、相互匹配的种养业发展格局。农业农村部 2020 年 7 月印发的《关于做好 2020 年畜禽粪污资源化利用工作的通知》中指出，继续支持畜牧大县整县推进畜禽粪污资源化利用，同时支持符合条件的非畜牧大县规模养殖场实施粪污治理项目。畜禽粪污治理关乎农业面源污染治理、水资源保护、耕地保护和农村生活环境治理等问题，关乎全面建成小康社会，关乎生态文明建设，关乎广大人民群众切身利益，是重大的民生工程和民心工程，随着畜禽粪污治理的推进，在各项方针政策的指引下，相关行动计划和方案为畜禽粪污资源化利用明确了实施措施与路径，粪污治理程度逐渐成为各省份及地区开展畜牧业养殖活动的重要指标。

（二）畜禽粪污土地承载力的主要内容

农业农村部制定的《畜禽粪污土地承载力测算技术指南》对相关工作进行了如下规定。畜禽粪污土地承载力按照以地定畜、种养平衡的原则，从畜禽粪污养分供给和土壤粪肥养分需求的角度出发，提出了畜禽存栏量、作物产量、土地面积的换算方法。为了优化畜牧业区域布局，部分畜牧大县由于畜禽存栏量超过了土地的承载能力，需要积极引导，逐步调减养殖数量。同时，承接畜牧业转移的区域，要在科学测算的基础上，合理确定养殖规模，制定畜牧业发展规划，避免走先污染后治理的老路。规模养殖场应配套相应粪污消纳用地，科学合理施用粪肥。适用于还田利用的粪肥，不包括污水达标排放和作为灌溉用水的情况。主要内容分为以下两部分。

1. 关于区域畜禽粪污土地承载力测算

主要是用来测算一定区域范围内最大畜禽存栏量，用猪当量来表示。具体方法是：首先，根据区域作物种植类型和总产量，测算区域植物养分需求量；然后，根据区域土壤养分状况、粪肥替代化肥比例等参数，测算区域粪肥养分需求量，推算出区域内最大存栏猪当量。如果实际养殖量超过最大存栏猪当量，需要适当调减存栏量。

2. 关于规模养殖场配套土地面积测算

主要是用来测算一个规模养殖场需要配套的粪污消纳用地面积。具体方法是：首先，根据养殖场存栏量和粪污收集处理方式，测算畜禽粪肥养分供给量；然后，根据养殖场配套土地种植的作物类型和种植制度（如小麦玉米轮作）、土壤养分含量和粪肥替代化肥比例等情况，测算单位土地粪肥养分需求量；最后，将养殖场畜禽粪肥养分供给量除以单位土地粪肥养分需求量得到需要配套的土地面积。需要注意的是，计算时应扣除委托第三方处理或对外销售的部分。

一、畜禽概述

（一）畜禽

1. 生物

生物是自然界中具有生命的物体，包括植物、动物和微生物三大类。生物的个体都进行物质和能量代谢，使其得以生长和发育；按照一定的遗传和变异规律进行繁殖，使种族得以繁衍和进化。生物体的主要成分是携带遗传信息的核酸（DNA 或 RNA）及其蛋白质产物，病毒也具有这两种成分，但其不能独立地表达其遗传信息而依赖于宿主细胞。

2. 动物

动物是生物的一界。包括原生动物、海绵动物、腔肠动物、扁形动物、线形动物、环节动物、软体动物、节肢动物、棘皮动物和脊索动物等，约 150 万种。无细胞壁的动物，一般不能将无机物合成有机物，只能以植物、动物或微生物为营养，因此具有与植物不同的形态结构和生理功能，以进行摄食、消化、吸收、呼吸、循环、排泄、感觉、运动和繁殖等生命活动。自然界的哺乳纲动物多达 5 400 多种、鸟纲动物 9 800 多种，绝大部分是野生动物。动物与人类关系密切。家养动物、鱼类和毛皮兽等是人类的食物及工业和医药原料，很多昆虫、蜱螨和啮齿类动物等会危害农业和林业，有些低等动物是人和其他动物的寄生虫，还有些是传播人和动物的疾病、植物病害的病原。

3. 畜禽

（1）畜禽的定义。畜禽是经过人类长期驯化和选育而成的家养动物，具有一定群体规模，可用于农业生产，种群可在人工饲养条件下繁衍，为人类提供肉、蛋、奶、毛皮、纤维、药材等产品，或满足役用、运动等需要。

（2）家畜、家禽的定义。广义家畜是经人类长期驯化的各种禽类和哺乳动物。由于长期的人工选择，野生动物在驯化为家畜的过程中，能在人工饲养条件下繁殖后代，并在生理机能和体型等方面向人类所需要的方向进化与发展。家畜、家禽性情较温顺，并在生殖、生长、产肉、产乳、产毛及产蛋等性能方面得到改良与提高。狭义家畜是相对于家禽的哺乳动物。家禽是指人工圈养的鸟类动物。

（3）地方品种、培育品种、引入品种及配套系。地方品种是指在特定地域、自然经济条件和居民文化背景下，经历长期非计划育种所形成的家养畜禽品种。培育品种是指通过人工选育，主要遗传性状具备一致性和稳定性，并具有一定经济价值的畜禽群体。引入品种是指从国外引进的家养畜禽品种。配套系是指利用不同畜禽品种或种群之间的杂种优势，用于生产商品群体的品种或种群的特定组合。

（4）畜禽的种类。《国家畜禽遗传资源品种目录（2021 年版）》列入了 33种畜禽，包括传统畜禽 17 种、特种畜禽 16 种，收录畜禽地方品种、培育品种、引入品种及配套系 948 个。传统畜禽是我国畜牧业生产的主要组成部分，其中猪、牛、羊、马、驴、鸡等驯化超过上万年，骆驼、兔、鸭、鹅、鸽、鹌鹑等驯化少则也在千年以上。特种畜禽是畜牧业生产的重要补充，一部分是国外引进种类，在我国虽然养殖时间还不长，但它们在国外至少也有上千年的驯化史，种群稳定、生产安全，如羊驼、火鸡、鸵鸟等；一部分是我国自有的区域特色种类，养殖历史悠久，已经形成比较完善的产业体系，如梅花鹿、马鹿、驯鹿等；还有一部分是非食用特种用途种类，主要用于毛皮加工和产品出口，且已经有了成熟的家养品种，如水貂、银狐、北极狐、貉等毛皮动物。

①传统畜禽。

猪（83 个地方品种、25 个培育品种、14 个培育配套系、6 个引入品种、2 个引入配套系）。

普通牛（42 个地方品种、10 个培育品种、15 个引入品种），瘤牛（1 个引入品种），水牛（27 个地方品种、3 个引入品种），牦牛（18 个地方品种、2 个培育品种），大额牛（1 个地方品种）。

绵羊（44 个地方品种、32 个培育品种、13 个引入品种），山羊（60 个地方品种、12 个培育品种、6 个引入品种）。

马（29 个地方品种、10 个培育品种、4 个培育配套系、9 个引入品种），驴（24 个地方品种），骆驼（5 个地方品种）。

兔（8 个地方品种、13 个培育品种、14 个培育配套系、6 个引入品种、2 个引入配套系、4 个引入配套系）。

鸡（115 个地方品种、5 个培育品种、80 个培育配套系、8 个引入品种、32 个引入配套系）。鸭（37 个地方品种、10 个培育配套系、1 个引入品种、7 个引入配套系）。鹅（30 个地方品种、1 个培育品种、2 个培育配套系、6 个引入配套系）。鸽（3 个地方品种、2 个培育配套系、3 个引入品种、1 个引入配套系）。鹌鹑（1 个培育配套系、2 个引入品种）。

②特种畜禽。

梅花鹿（1 个地方品种，7 个培育品种），马鹿（1 个地方品种、3 个培育品种、1 个引入品种），驯鹿（1 个地方品种），羊驼（1 个引入品种）。

火鸡（1 个地方品种、2 个引入品种、2 个引入配套系），珍珠鸡（1 个地方品种），雉鸡（2 个地方品种、2 个培育品种、1 个引入品种），鹧鸪（1 个引入品种），番鸭（1 个地方品种、1 个培育配套系、1 个引入品种、1 个引入配套系），绿头鸭（1 个引入品种），鸵鸟（3 个引入品种），鸸鹋（1 个引入品种）。

水貂（非食用）（8 个培育品种、2 个引入品种），银狐（非食用）（2 个引入品种），北极狐（非食用）（1 个引入品种），貉（非食用）（1 个地方品种、1 个培育品种）。

4. 畜牧业

畜牧业是利用畜禽等已经被人类驯化的动物，或者鹿、麝、狐、貂、水獭、鹌鹑等野生动物的生理机能，通过人工饲养、繁殖，使其将牧草和饲料等植物能转变为动物能，以取得肉、蛋、奶、羊毛、山羊绒、皮张、蚕丝和药材等畜产品的生产部门。40 多个畜禽种类约 4 500 个畜禽品种，提供了人类 30%～40%的需求。区别于自给自足家畜饲养，畜牧业的主要特点是集中化、规模化，并且以营利为生产目的。畜牧业是关系国计民生的重要产业，肉蛋奶是百姓"菜篮子"的重要品种。

（二）畜禽生理阶段划分

1. 猪

标准化场的猪群结构包含哺乳仔猪、断奶仔猪、后备猪、生长育肥猪、种公猪、种母猪。

（1）哺乳仔猪。出生到断奶前的小猪，也称为乳猪。断奶时间 21～35 日龄，体重达 6～8kg。

（2）保育猪。断奶到 70 日龄的小猪，也称为断奶仔猪。保育期 28～35 天，体重达 20～30kg。

（3）后备猪。保育结束到配种前的种用猪。后备母猪初配年龄 8～9 月龄，体重 75～100kg；后备种猪初配 8～9 月龄，体重 100kg 左右；本地品种一般为 5～6 月龄，体重 100kg 左右。

（4）生长育肥猪。保育结束到 5 月龄的肉用猪称为生长猪，5 月龄到出栏前的肉用猪称为肥育猪。可分为肥育前期（体重 60kg 以前）和肥育后期（体重 60kg 以后）。出栏时间 70～180 日龄，体重 90～120kg。

（5）种公猪。已参与配种的公猪。大部分猪场采用人工授精。

（6）种母猪。即能繁母猪。包括空怀母猪（从仔猪断奶到再次发情配种这段时间的母猪，包括经产母猪和即将配种的后备母猪）、妊娠母猪、哺乳母猪。基础母猪（经过 1～2 胎检验合格的母猪。后备母猪配种妊娠产仔后，经过产仔、哺育及其所产仔猪发育情况记录，确认符合要求的才可进入基础母猪群；如果头胎产仔情况不符合要求，可检验第二胎，第二胎符合要求，则进入基础母猪群，不合格母猪作育肥处理）是猪场生产种猪和商品猪的基本条件。母猪产后发情，第一次在产后 2～7 天，发情表征不明显，不能正常排卵，是一次不孕的发情；第二次在产后 22～32 天，表征亦不明显，但若配种可以受胎，也不会影响泌乳和产仔成绩，是一次应该利用的配种时机；第三次是断乳后 3～7 天，在正常饲养管理条件下，大群母猪中，仔猪 35 日龄断奶后，7 天内发情的母猪占 85%，是一次必须抓住的配种时机。

种公猪的利用年限一般为 4～6 年，母猪的利用年限为 5～6 年。

2. 奶牛

标准化场的奶牛群结构包含哺乳犊牛、断奶犊牛、育成母牛、青年母牛、种公牛、成年母牛。

（1）哺乳犊牛。出生后到断奶前正在哺乳的犊牛。哺乳期 0～2 月龄。

（2）断奶犊牛。断奶到 6 月龄（包括 6 月龄）的犊牛。早期断奶为 28～35 日龄，一般采用 42～60 日龄，也有 90 日龄、110 日龄断奶。

（3）育成母牛。7 月龄到初次配种受胎的牛。7～12 月龄为育成前期，13～18 月龄为育成后期。荷斯坦母牛于 13～16 月龄配种，体重 350～400kg；一般母牛在 16～18 月龄配种，体重 376～400kg。

（4）青年母牛。初次配种受胎到初次产犊的母牛，又称初孕牛。荷斯坦母牛妊娠期为 280 天。如果育成母牛 15 月龄配种受胎，则在 24 月龄时产犊。

（5）种公牛。已参与配种的公牛。但大部分奶牛场多采用冷冻精液和人工授精。

（6）成年母牛。第一次产犊以后的母牛。包括干奶母牛（停止挤奶至临产前15天的母牛）、围产奶牛（分娩前后各15天的母牛）、泌乳母牛。泌乳期可分为泌乳初期（分娩到产后2周）、泌乳高峰期（产后15～100天）、泌乳中期（产后101～200天）、泌乳后期（产后201天～干奶前）。干奶期根据母牛体质体况等因素确定，通常为45～75天，平均为60天；对初产牛、高产牛及瘦牛可适当延长干奶期（65～75天）；对体况较好、产奶量低的牛，可缩短干奶期，为45天。母牛生产后，子宫复原及身体恢复大约需30天；产后最早排卵在20天左右，处于隐性发情而不易发现；产后表现第一次明显发情，一般出现在30～70天；为不影响生产和产犊，母牛产后60～80天配种最为适合。

在一个牛场中，成年母牛所占比例应该在65%左右，其他牛所占比例应该为35%左右；在成年母牛群中，平均胎次应该保持在3～5胎，其中3胎牛占49%，4～6胎牛占33%，7胎以上牛占18%。母牛利用年限8～10年，公牛5～6年。

3. 鸡

标准化场的鸡群结构包括雏鸡、育成鸡、产蛋鸡、种公鸡。

（1）雏鸡。育雏期为0～6周龄的仔鸡，也有8周的育雏。肉仔鸡为5～6周上市。

（2）育成鸡。育成期为7～20周龄的鸡，也有认为育成期为7～18周龄，18～20周龄为产蛋过渡期，并在此阶段进行转群。蛋用型鸡性成熟为4.5～5月龄，兼用型鸡为6～7月龄，肉用型鸡为8～9月龄。

（3）产蛋鸡。产蛋期一般为21～72周龄，高产鸡可推迟到76周龄或78周龄。产蛋期分为产蛋前期21～42周龄，产蛋中期43～60周龄，产蛋后期61周龄至淘汰（72周龄左右）。肉种鸡25周龄开产。

（4）种公鸡。初选时间为6～8周龄、复选时间为17～18周龄、终选时间为21～22周龄。笼养公母比例为1：（25～30），自然交配公母比例为1：（10～12）。大部分鸡场采用人工授精。

家鸡的正常寿命为3～5年，最长可存活13年。产蛋母鸡可利用2年，种母鸡可利用3年，种公鸡可利用2～3年。商品化蛋鸡当年淘汰。

4. 羊

标准化场的羊群结构包括哺乳羔羊、青年羊、种公羊、繁殖母羊。

（1）哺乳羔羊。从出生到断奶这一阶段，一般为2～3个月。早期断奶可以选择1周龄或40日龄。

（2）青年羊。从断奶后到配种前的羊。可分为育成前期（4～8月龄）和育成后期（8～18月龄）。绵羊的性成熟期一般为7～8月龄，山羊一般为3～5月龄，山羊比绵羊早一些。某些地方品种如小尾寒羊，性成熟较早，4～5月龄就可性成熟；细毛羊性成熟较晚，一般为8～10月龄。其中济宁青山羊甚至在50日龄左右就能发情，而中卫山羊性成熟较晚，要5～6月龄。母羊初配时间一般为12月龄，公羊为12～18月龄。

（3）种公羊。指已参与配种的公羊。大部分羊场采用人工授精或胚胎移植。

（4）繁殖母羊。分为空怀期、妊娠期、哺乳期。空怀期指从羔羊断奶到母羊再次配种受胎的时期，也称为恢复期，大约为3个月。妊娠期指从怀孕到产羔的时段，母羊妊娠期为5个月，前3个月为妊娠前期，后2个月为妊娠后期。产后2～3个月为哺乳期，自然断奶需4个月。断奶后30～60天体况恢复就可发情。

羊在3～5岁时繁殖力最强，主要表现为繁殖率高、羔羊初生体重大、发育快。羊的繁殖利用年限：母绵羊为8～10岁，母山羊为7～8岁，公羊一般只利用到5岁。如果饲养管理条件优越，奶山羊可延长至10岁及以上。

5. 鸽

标准化场的鸽群结构包含乳鸽、童鸽、青年鸽、产鸽。

（1）乳鸽。0～28天的幼鸽。若作为商品鸽则需在21天隔开，留种鸽则需在28天隔开。

（2）童鸽。29～60天的鸽子。根据留种要求进行初选。

（3）青年鸽。61天至开产的鸽子。对青年鸽进行复选，淘汰不符合标准的鸽子。在5～6月龄配对后转入产鸽舍。

（4）产鸽。开产以后的配对鸽。孵化的乳鸽开始喂食后，在9～19天后，母鸽会再产下一窝蛋。鸽子产每个蛋的间隔时间为46小时左右。

肉鸽一般可存活10～15年，但是繁殖年龄一般母鸽为5～6年，公鸽为7～8年。最佳繁殖年龄为2～4岁。

6. 鹿

标准化场的鹿群结构包括哺乳仔鹿、离乳仔鹿、育成鹿、公鹿、母鹿。

（1）哺乳仔鹿。3月龄前（哺乳期）的仔鹿。哺乳期一般从5月上旬持续到8月下旬，早产仔鹿可被哺乳100～110天，大多数仔鹿被哺乳90天左右。

（2）离乳仔鹿。8月中旬断乳后至当年年底的幼鹿。

（3）育成鹿。当年出生的仔鹿转入第二年。育成期为1年，公鹿所需时间更长。梅花鹿母鹿性成熟为16～18月龄，发育早的有7月龄性成熟，公鹿为

20 月龄；马鹿公母鹿为 28 月龄。梅花鹿母鹿初配为 16～18 月龄，公鹿为 40 月龄；马鹿初配母鹿为 28 月龄，公鹿为 40 月龄。

（4）公鹿。每年 3—8 月为生茸期，9—11 月为配种期，12 月至翌年 3 月为越冬期（包括配种恢复期和生茸前期）。马鹿比梅花鹿各期都提前 15 天左右。

（5）母鹿。分为配种期与妊娠初期（每年 9—11 月），妊娠期（每年 11 月至翌年 4 月），产仔泌乳期（每年 5—8 月）。

一般母鹿自然寿命 20～25 年，经济利用年限 12～15 年，生产力最高时期为 6～10 岁；公鹿为 15 年。

7. 貂

标准化场的貂群结构包括哺乳仔貂、育成貂、公貂、母貂。

（1）哺乳仔貂。从出生到 45 日龄，最晚不超过 60 日龄。仔貂分窝时间为 6 月下旬至 7 月上旬，留种用的进行初选（一般是 5 月 5 日前出生的貂）。

（2）育成貂。从断乳分窝到性成熟阶段。分为生长期和冬毛生长期。生长期为 6 月上旬至 9 月下旬，冬毛生长期为 9 月至 11 月初，取皮期为 11 月中旬至 12 月下旬。6 月龄冬毛发育成熟，达到体成熟，可以处死取皮；翌年 2 月至 3 月（9～10 月龄）性成熟，可以初配。留种用复选时间为 9 月下旬至 10 月上旬，终选时间则为毛皮成熟后的 11 月下旬。

（3）公貂。准备配种期为每年 9 月下旬至翌年 2 月，配种期为每年 2 月下旬至 3 月下旬，恢复期为每年 3 月下旬至 9 月下旬。

（4）母貂。准备配种期为每年 9 月下旬至翌年 2 月，配种期为每年 2 月下旬至 3 月下旬；妊娠期为每年 3 月下旬至 5 月上旬，周期为 40～55 天，平均 47 天；产仔哺乳期为 4 月中旬至 6 月上旬，恢复期为 6 月上旬至 9 月下旬。水貂产仔日期一般都是在 4 月下旬至 5 月下旬，特别是 5 月 1 日前后的 5 天，是产仔旺期，占总产仔胎数的 70%～80%。

水貂一年脱换两次毛，春季脱冬毛长夏毛，秋季脱夏毛长冬毛，属于周期性季节换毛。水貂一出生，全身就有胎毛，2～3 周龄时有初级毛绒，50～60 日龄时换为夏毛，8 月底冬毛开始生长发育。野生水貂寿命一般只有 1.5～2.5 年，寿命长的可达 6 年以上。家养水貂寿命可达 12～15 年，有 8～10 年的生殖能力，种用水貂的可利用年限一般为 3～5 年。

8. 貉

标准化场的貉群结构包括哺乳仔貉、育成貉、公貉、母貉。

（1）哺乳仔貉。从出生到断乳阶段的貉。哺乳期为 50～55 天，时间为每年4—6月，45～60天后进行断乳，断乳时留种初选时间为5—6月（5月10日前出生的）。

（2）育成貉。分为育成前期和育成后期（冬毛生长期）。育成前期为每年7—8月，育成后期为每年9—11月，留种复选为每年9—10月，精选为11—12月。

（3）公貉。准备配种期时间为每年9月至翌年1月，配种期为每年2—3月，恢复期为每年4—8月。笼养貉性成熟在8～10月龄。发情期时间为每年2—4月上旬，持续2个月。配种期与发情期一致。个别貉可在1月和4月发情配种。

（4）母貉。准备配种期的时间为9月下旬至翌年1月，配种期的时间为每年2—3月，妊娠期的时间为每年3—5月、周期54～65天，产仔哺乳期时间为每年4—6月、恢复期为每年7—8月。

貉的取皮时间分为三个阶段，第一阶段是在大群成熟时期，在每年11月中旬至12月中旬，一般成龄貉早于当年貉。第二阶段是在配种结束后，淘汰的公貉和母貉取皮。第三阶段是植入褪黑激素的皮貉取皮。貉的寿命为8～16年，繁殖年龄为7～10年，繁殖最佳年龄为3～5年。

9. 兔

标准化场的兔群结构包括仔兔、幼兔、青年兔、种公兔、母兔。

（1）仔兔。出生至断奶期的兔为仔兔。这个时期又分睡眠期，即出生至睁眼期，一般周期为10～12天；开眼期，即开眼至断奶期。通常种兔、长毛兔、獭兔在30～40日龄断奶，商品肉兔在28～35日龄断奶。

（2）幼兔。断奶至3月龄的兔。2.5～3月龄公兔非种用可阉割育肥。

（3）青年兔。3月龄至初配期的兔。初配年龄小型品种为4～5月龄，中型品种为5～6月龄，大型品种为7～8月龄。毛用母兔为7～8月龄，体重2.5～3kg；公兔8～9月龄，体重3～3.5kg。肉用母兔为5～6月龄，体重3～3.5kg；公兔7～8月龄，体重3.5～4kg。兼用母兔为6～7月龄，体重3.5～4kg；公兔7～8月龄，体重4～4.5kg。

（4）种公兔。已参与配种的公兔。部分兔场采用人工授精。

（5）母兔。中型品种为5月龄、大型品种为6月龄、巨型品种为7月龄以上的兔，3岁以后进入衰老期。母兔产后第二天配种，称为"血配"；母兔产后7～15天配种，称为"奶配"。自然断奶后依据体况恢复配种，间情期8～15天。

公兔利用年限为4～5年，母兔利用年限为3～4年。

10. 马

标准化场的马群结构包括哺乳幼驹、断乳驹、育成马、成母马、公马。

（1）哺乳幼驹。从出生到断乳的马驹。幼驹断乳一般在 6～7 月龄。

（2）断乳驹。断乳到育成阶段的马驹。

（3）育成马。12～30 月龄的马，性成熟时期为 18 月龄左右。

（4）成母马。配种产驹的马。空怀母马、妊娠母马（妊娠期为 340 天）、哺乳母马（哺乳期为 6 个月）。母马的适配年龄为 2.5～3 岁。母马产后 7～12 天配种，称为"配血驹"。自然断乳后体况恢复配种，间情期为 14～15 天。

（5）公马。公马适配年龄为 3～4 岁。部分马场采用人工授精。

通常把 3 岁以下的马称为驹子，3 岁以上的马称为成年马，6～15 岁的马称为壮龄马，15 岁以上的马视为老龄马。6～13 岁的马是最好的使役年龄段，3～8 岁是竞赛马最好的年龄段。马的寿命一般为 25～30 年。种公马繁殖力以 6～12 岁最强，母马繁殖年限一般为 18～20 年。母马产后 7～14 天配种。

11. 驴

标准化场的驴群结构包括幼驹、育成驴、成年母驴、种公驴。

（1）幼驹。出生至 6 月龄的驴驹。幼驹一般在 6～7 月龄断奶。

（2）育成驴。断奶后至配种前的驴。1.5～2 岁性成熟。

（3）成年母驴。2.5 岁以上的驴。可分为空怀母驴、妊娠母驴、哺乳母驴（哺乳期为 6 个月）。母驴妊娠期为 350～370 天。母驴 2 岁初配。母驴产后 15 天配种，称为"配热驹"。自然断乳后体况恢复配种，间情期为 11～33 天。

（4）种公驴。公驴 2～3 岁初配。部分驴场采用人工授精。

驴寿命为 20～30 岁。公驴、母驴繁殖年限一般为 13～15 年。

（三）畜禽饲养方式

1. 舍饲、放牧、半舍饲

（1）舍饲。将家畜饲养在有畜舍的场地内或畜舍内的饲养管理方式。集约化程度较高的畜牧场均采取舍饲制。较粗放的畜牧经营方式，特别是草食家畜，多为春、夏、秋放牧，冬季舍饲。舍饲可以避免风雨、烈日、低温等不良气候因素的危害，有利于小气候环境的控制，可按照不同家畜的要求进行科学的饲养管理，便于机械化操作，但须注意通风换气、保温隔热和防潮等。工厂化饲养是舍饲现代化的生产方式，可全面控制环境，使牲畜成为整个畜产品工厂的一个有机组成部分，从而显著提高劳动生产率。

（2）放牧。在人工照看下，将家畜驱放于草地、茬地、河塘等处，任其觅食的家畜饲养方式。在不具备高度集约经营的条件下，放牧可以降低饲养成本，节省劳力，且能够促进家畜健康和提高其生产力。

（3）半舍饲。部分舍饲、部分放牧的称为半舍饲。

2. 舍饲工艺

（1）猪。单栏单养。即一个猪栏饲养一头猪，猪只能在一定范围内自由活动。其优点是便于按照猪个体的状况进行饲养管理，同时还可以起到免受同类攻击的作用。种公猪、哺乳母猪需要单栏饲养，空怀、妊娠母猪也可采用。

限位栏单养。即将猪养在一个长 2.1～2.5m，宽 0.6～0.7m，高 1～1.2m 的限位栏内，猪不能转身，只能限定在一个狭小的空间内。它的作用跟单栏单养相似，但猪的活动空间更小。种公猪及空怀、妊娠、哺乳母猪均可采用。

单栏群养。即在一个猪栏内饲养 2 头或 2 头以上的猪。一般保育猪、育肥猪多采取这种方式，空怀、妊娠母猪也可采用。

高床饲养。即将猪饲养在由塑料或铸铁漏缝板等构成的离地面 20～40cm 高的高床上。优点是不需经常清扫，可减少粪便污染猪体及疾病传播。哺乳母猪及哺乳仔猪、保育猪常采用。

地面饲养。猪栏直接建在地面上。生长猪、育肥猪、公猪、空怀母猪及妊娠母猪多用。

（2）牛。犊牛舍内单栏，也叫犊牛笼，犊牛出生后早期可在其中饲养，每犊一栏。牛栏的背面和侧面可以是木质或铁质的围栏，栏底是木质的漏缝地板。犊牛岛，也叫犊牛小屋，用于犊牛的单栏露天培育，每犊一岛。犊牛通栏，是在牛舍内，按犊牛大小进行分群，采用散放自由牛床式的通栏饲养，每个通栏饲养 5～10 头犊牛。

育成母牛应根据年龄和体重情况进行分群，一般可以分为四群，即断奶后至 6 月龄、7～12 月龄、13～18 月龄、初配受胎至分娩，这样便于饲喂和管理。

拴系式饲养模式是传统的奶牛饲养方式，特点是需要修建比较完善的奶牛舍。牛舍内，每头奶牛都有固定的牛床，床前是采食和饮水共用的槽，用绳索将奶牛固定在牛舍内；奶牛采食、休息、挤奶都在同一牛床上进行。这种饲养模式一般采用管道式挤奶或小型移动式挤奶机挤奶。为了改善牛群健康，有时将奶牛拴系在舍外的树桩上。

散栏式饲养模式是将奶牛的采食区域和休息区域完全分离，每头奶牛都有足够的采食位和单独的卧床；将挤奶厅和牛舍完全分离，整个牛场设立专门的挤奶厅，牛群定时到挤奶厅进行集中挤奶。这种饲养方式，更符合奶牛的行为习性和生理需要，奶牛能够自由饮食与活动，很少受到人为约束，相对扩大了奶牛的活动空间，奶牛运动量和光照明显增加，增强了奶牛的体质，提高了机体的抵抗力。奶牛定点采食、躺卧、排粪、集中挤奶，便于实现机械化、程序化管理，极大地提高了劳动生产效率。奶牛分群管理，可根据不同牛群的生产水平制定日粮的营养水平，如高产奶牛群可采用高能量、高蛋白质的日粮，对低产牛群则配置一些廉价的日粮以降低饲养成本。因此，日粮配置的针对性更强、更科学、更准确。此外，牛群的生理阶段比较一致，有利于牛群的发情鉴定和妊娠检查等。

散放式饲养模式牛舍设备简单，只供奶牛休息、遮阳和避雨雪使用。牛舍与运动场相连，舍内不设固定的卧床和颈枷，奶牛可以自由地进出牛舍和运动场。通常牛舍内铺有较多的垫草，平时不清粪，只添加些新垫草，定时用铲车机械清粪。运动场上设有饲槽和饮水槽，奶牛可自由采食和饮水。舍外设有专门的挤奶厅，奶牛定时分批到挤奶厅集中挤奶。

（3）鸡。落地散养。又称厚垫料地面平养。直接在水泥地面上铺设厚垫料，家禽生活在垫料上面，肉仔鸡、肉鸭较多采用这种形式饲养。落地散养的优点是设备要求简单、投资少，缺点是饲养密度小、垫料需求量大，鸡只接触粪便不利于疾病防治。肉仔鸡地面平养饲养密度为 12 只/m² 左右，肉鸭为 4.5 只/m² 左右。

离地网上平养。禽群离开地面，活动于金属或其他材料制作的网片上，也称全板条地面。网（栅）上平铺塑料网、金属网或镀塑网等类型的漏缝地板，地板一般高于地面约 600mm。家禽生活在板条上，粪便落到网下，家禽不直接接触粪便，有利于疾病的控制。离地网上平养饲养密度最大，单位生产能力较高，肉种鸡饲养密度为 4.8 只/m²、肉仔鸡饲养密度为 14 只/m²、肉鸭饲养密度为 6 只/m² 左右。

混合地面饲养。就是将禽舍分为地面和网上两部分。地面部分垫厚垫料，网上部分为板条棚架结构。板条棚架结构床面与垫料地面之比通常为 6∶4 或 2∶1，舍内布局主要采用"两高一低"或"两低一高"方式。这种生产方式是国内外使用最多的肉种鸡饲养方式，国外蛋种鸡也主要采用这种饲养方式，即沿墙边铺设板条，一半板条靠前墙铺设，另一半靠后墙铺设。产蛋箱在板条外缘，排向与舍的长轴垂直，一端架在板条的边缘，一端悬吊在垫料地面的上方，便于鸡进出产蛋箱，也减少占地面积。使用这种板条棚架垫料和地面混合的饲养方式，每只种鸡的产蛋量和种蛋受精率均比全板条型饲养方式高。混合地面饲养密度较低，肉种鸡饲养密度为 4.3 只/m^2 左右。

笼养。笼养就是将鸡饲养在用金属丝焊成的笼子中。根据鸡种、性别和鸡龄设计不同型号的鸡笼。有雏鸡笼、育成鸡笼、蛋鸡笼、种鸡笼和公鸡笼等。

笼养的主要优点是：①提高饲养密度。立体笼养比平养可增加 3 倍以上密度，蛋鸡可达 17 只/m^2 以上。②节省饲料。鸡饲养在笼中，运动量减少，耗能少，浪费料减少。种鸡人工授精可减少养公鸡数。③鸡不接触粪便，有利于鸡群防疫。④蛋比较干净，可消除窝外蛋。⑤不存在垫料问题。

笼养的主要缺点是：①产蛋量比平养少。②投资较大。③血斑蛋比例高，蛋品质稍差，种蛋合格率低。④笼养鸡猝死综合征影响鸡的存活率和产蛋性能。⑤淘汰鸡的外观较差，骨骼较脆，出售价格较低。

笼养大部分采用阶梯式笼养，具体形式主要有全阶梯、半阶梯和全重叠式笼养。全重叠式笼养主要用于机械化鸡场，必须机械化喂料、拣蛋和清粪，饲养层数可达 8 层以上，大大提高了饲养密度。我国大多笼养采用全阶梯和半阶梯笼养。鸡笼层数：蛋鸡一般采用 3 层，种鸡则采用 2 层，便于人工授精操作。

笼养鸡的笼地面积要求：每只白壳蛋鸡笼地面积达 380cm^2 以上，中型蛋鸡为 450cm^2 以上，矮小型蛋鸡为 360cm^2 以上。

（四）粪污

1. 粪便

（1）粪便定义。粪便俗称大便，是人或动物的食物残渣排泄物。

（2）粪便成分。粪便成分极为复杂，主要包括以下几类物质：①食物残渣。②机体代谢后产物，包括消化腺体分泌的黏液，胃肠道黏膜脱落的上皮，代谢后的废物（如由肝脏排出的胆色素及其衍生物），由血液通过肠道排出的某些金属，如钙、铁、镁、汞等。此外，还有某些酶、激素和维生素。③大量微生物（其中大部分是没有活性的），有时可占到粪便组成的 20%～30%。④水。

2. 尿

（1）尿的定义。尿又称尿液或小便，是人类和脊椎动物为了新陈代谢的需要，经由泌尿系统及尿路排出体外的液体排泄物。

（2）尿的成分。尿由水和溶质（包括有机物和无机物）组成。其化学组成随动物所采食的饲料性质和机体组织活动状态而变化。一般情况下，尿液中 95%～97% 是水，溶质以电解质和非蛋白含氮化合物为主。电解质中 Cl^-、

Na^+、K^+三种离子较多，硫酸盐、磷酸盐次之。非蛋白含氮化合物大部分是蛋白质和核酸代谢的终产物，其中尿素含量最多，其他如肌酐、尿酸、氨、嘌呤碱等含量则较少。此外，还含有少量其他有机物，如色素（尿胆素、尿色素）、草酸、乳酸、低级脂肪酸（乙酸、丁酸）以及某些激素、维生素和酶等。

3. 粪污

（1）粪污。粪污顾名思义是指畜禽养殖过程中产生的粪便、污水等废弃物。

广义上讲，粪污包括畜禽养殖过程中产生的粪、尿、垫料、冲洗水、动物尸体、饲料残渣和臭气等。

狭义上讲，粪污则是指畜禽粪、尿排泄物及其冲洗水形成的混合物。

（2）粪污形态。粪污形态根据其固体和水分含量进行区分。直观上，粪污主要以固体和液体两种形态存在；按照粪污中固体物含量多少细分为固体、半固体、粪浆和液体，对应的固体物含量分别为＞20％、10％～20％、5％～10％、<5％。不同畜禽种类，生理代谢过程不一样，排泄粪便的干湿程度和尿液的多少也有差异，因此排泄时粪污的状态也不相同。粪污的相邻形态，如粪浆和半固体之间，不一定有明显的分界线。同时，受饲喂日粮、饮水量、垫草的类型和数量、环境气候变化、疾病等因素影响，粪污中的固体物含量或水分含量也会发生变化，可能从一种形态转变成另一种形态。

4. 清粪方式

清粪是利用一定的工具和方法将畜舍内的粪便清除至舍外。按照所用工具和方法的不同，可分为人工清粪、机械清粪、水冲清粪等几种方式。

（1）人工清粪。人工清粪主要靠人工清扫，用手推车运至舍外。这种方法的优点是简便，不用机械设备，不用电，用水少，投资低；缺点是劳动量大，效率低。在小型规模化场和大部分规模化猪场的配种妊娠猪舍和育肥猪舍多采用该方式。在机械清粪和水冲清粪不及的地方辅助人工清粪。

（2）机械清粪。机械清粪是利用机械将粪便清至舍外，常采用的机械设备主要有铲式清粪机、刮板式清粪装置、输送带式清粪机、吸污车清粪等几种。其优点是可以代替人力，减轻劳动强度，提高劳动生产率；缺点是投资高，耗电量大，粪尿对金属腐蚀性大，装置耐用性差，机械平均使用寿命为2～3年。我国规模化猪场较少采用。

明沟内刮板用于鸡舍时，常设在鸡笼下方；用于猪舍、牛舍时，带刮板的明沟在猪栏或牛床的一侧，猪栏或牛床的地面常有3％～5％的坡度，使粪尿能流入带刮板的浅沟内。暗沟刮板则在网状或栅条状漏缝地板下的浅沟内工作。层叠笼养禽类多用多层刮粪板或输送带清粪机。

（3）水冲清粪。水冲清粪是利用水流将粪便冲到舍外，经排粪沟排至沉淀池或化粪池。常见的方式有喷头水冲清粪、闸门式水冲清粪和自流式水冲清粪几种方式。其优点是设备简单，效率高，故障少，有利于场区卫生，易于控制疫病传染；缺点是基建投资大，粪便处理工程大，耗水量多。规模化猪场的分娩舍和保育舍在采用产床和保育网时，多采用粪沟水冲清粪；妊娠母猪采用限位栏饲养时，也用粪沟水冲清粪；育肥猪舍采用漏缝地板时，也采用水冲清粪。南方规模化奶牛场部分使用水冲清粪。

5. 粪便贮存

（1）液态和半液态粪便的贮存设施。贮存含干物质少于 7.5% 的液态粪是不经济的，所以贮存的非固态粪便的干物质含量都在 7.5%～17.5%，此类粪便可以用泵进行输送。液态和半液态粪便的贮存设施有畜舍内地下贮粪坑、畜舍外地下贮粪坑和畜舍外地上贮粪池 3 种。

畜舍内地下贮粪坑。常用于猪舍和牛舍。坑由混凝土砌成，上盖漏缝地板。粪坑贮存一批粪便的时间为 4～6 个月。畜舍地下粪坑在使用前应放入深度达 10～30cm 的水。

畜舍外地下贮粪坑常用于隔栏饲养的牛舍。先用刮板将粪从通道刮入牛舍端部或中间的接收坑，再由离心式或活塞式粪泵由地下管道输入畜舍外贮粪坑。

（2）固态粪便贮存设施。包括坚硬的水泥地面、堆积墙和装载机。往往用于加垫草的拴养牛舍和平养鸡舍。堆粪地面的墙脚有一排水沟与直径 20cm 的排水管相连，可将粪内液体和雨水排入粪水池。堆积和取粪可借助装载机。

6. 固液分离

猪场舍内采用漏缝地板，奶牛场舍内采用漏缝地板或刮板式清粪机，粪尿混合，收集于贮存坑内，不利于后期处理，需要进行固液分离。粪污采用厌氧发酵处理后，同样需要固液分离。固液分离设备可分为筛分、离心分离和压滤等类型。

（1）筛分。筛分技术主要包括斜板筛、振动筛和滚筒筛等分离技术工艺，其分离性能取决于筛孔尺寸，以及粪水的输送流量和粪水的物理特性（固体含量与固体颗粒的分布等）。

斜板筛结构简单，操作方便，便于维护，节能省耗。但处理后的粪便固体含水率较高，使用一段时间后筛网易堵塞，需要经常清洗，对于放置 30 天以上的粪便很难处理。适用于处理场地小，投资少，新鲜粪便含水率高，处理量大，处理要求低的养殖场。

振动筛结构简单，使用面广，可以减少筛网堵塞。但工作噪音大，震动零部件易损坏，能耗较高。适用于处理场地小，投资较少，粪便处理量大，处理要求低的养殖场。

滚筒筛所得固相物质的固体含量更高，除入流固体浓度外，滚筒筛筛鼓的旋转速度、筛孔孔径以及粪便的入流速率都能显著影响其固液分离效率。投资费用要比固定筛略高，处理量大的时候较为经济。

（2）离心分离。离心式分离主要是采用卧式螺旋离心机，其优点是分离速度快，分离效率高于筛分，分离后的固体含水率相对较低。缺点是设备昂贵，能耗大，清洗内部零件不方便，维修困难。适用于处理场地大，投资额较大，粪便处理量较小，处理效果要求较高的养殖场。

（3）压滤。压滤式分离主要分为螺旋挤压机、带式压滤机和板框压滤机。螺旋挤压机优点是结构简单、体积小、效率高，维护方便，运行费用低，可连续运行，噪音小，寿命长，得到的固体物含水率低。缺点是粪便中的固体回收率低于30%，进料口粪水需搅拌均匀，网筛易磨损。适用于处理场地较小，粪便处理量较大，处理效果要求较高，设备需要连续组装的养殖场，分离后的粪水需要进一步处理或直接还田。

带式压滤机优点是结构简单，操作方便，能耗低，噪音小，可连续作业，得到的固体含水率低。缺点是设备费用高，滤布磨损大，高压水喷洗滤带用水量大。适用于处理场地较大，投资额度较大，粪便处理效果要求高，设备需连续作业的养殖场。

板框压滤机优点是更换滤布方便，压力大，得到的固体含水率低。缺点是体积重量大，效率低，不稳定，操作环境差。适用于处理场地宽敞，投资额较大，粪便处理要求较高、设备不需要连续作业的养殖场。

7. 粪污处理

舍内养殖的畜禽粪污由于不同的场舍设施及清粪方式，收集后的形态不一样。小型单笼饲喂的禽、貂、貉、鸽等畜禽，使用有漏缝地板单圈群饲或地面饲养的羊、肉牛、鹿、禽等，粪便比较干燥，含水量低，清理后可直接进行好氧或厌氧堆肥发酵处理。泌乳牛、猪，经过水冲粪、水泡粪所产生的粪便，粪尿混合，含水量大，清理后可以固液分离，固体经好氧或厌氧堆肥发酵处理，液体经厌氧发酵或氧化塘兼性发酵，还可以直接厌氧发酵后固液分离。采用干清粪的猪场，部分尿液从专门尿沟流走，部分尿液用于淋洗粪便，固体部分可以堆肥发酵或厌氧发酵处理，液体可经厌氧发酵或氧化塘兼性发酵。舍外运动场上牲畜粪尿混合，部分液体挥发或渗漏到下层垫料，比较干燥，清理后进行好氧或厌氧堆肥发酵处理。

（1）好氧堆肥发酵。好氧堆肥发酵是指在人工控制和一定水分、碳氮比，以及通风条件下，通过微生物的发酵作用，实现有机废弃物无害化、稳定化处理，将粪便转变为肥料的过程。好氧堆肥工艺有条垛式堆肥、静态曝气堆肥、槽式堆肥和反应器堆肥。

条垛式堆肥是一种典型的开放式堆肥，其特征是将混合好的原料排成条垛，并通过机械周期性地翻抛进行发酵。翻堆频率为每周 3～5 次，整个发酵过程需要 40～60 天。优点是工艺简单，操作简便，投资少；缺点是处理时间长，占地面积大，产品质量不稳定。

静态曝气堆肥一般采用露天或仓式强制通风垛，可在垛底设穿孔通风管，用鼓风机在堆垛后的 20 天内经常强制通风，此后静置堆放。整个发酵过程需要 40～60 天。优点是操作简单，成本低；缺点是处理时间长，占地面积大，易受天气影响。

槽式堆肥一般在长而窄的被称作"槽"的通道内进行。槽壁上方铺设有轨道，在轨道上安装翻抛机，可定期对物料进行搅拌、破碎和混匀。抛翻机分为链板式抛翻机、蛟龙式抛翻机、滚筒式抛翻机和桨叶式抛翻机等。发酵周期为 40～50 天。优点是处理量大，发酵周期较短，机械化程度高，可精确控制温度和氧气含量，产品质量稳定；缺点是设备较多，操作较复杂，投资较高。

反应器堆肥是将有机废弃物置于集进出料、曝气、搅拌和除臭为一体的密闭式反应器内进行好氧发酵的一种堆肥工艺。密闭式反应器堆肥工艺主要用于中小规模养殖场，将有机固体废弃物就地处理。优点是发酵周期短，只需要 7～12 天，占地面积小，无须辅料，保温节能效果好，自动化程度高，密闭系统臭气易控制；缺点是处理量小，投资高，大型养殖场需要布置较多设备。

（2）厌氧堆肥发酵。厌氧堆肥俗称沤肥或堆沤，是指在缺氧或无氧条件下，利用厌氧微生物进行的堆肥化过程。最终产物除腐殖质类有机物、二氧化碳和甲烷外，还有氨、硫化氢和其他有机酸等还原性物质。优点是工艺简单、不需进行通风；缺点是反应速率缓慢，堆肥周期较长，一般在 10 个月以上，且环境恶劣，仅适用于小规模农家堆肥。

（3）厌氧发酵。厌氧发酵是指粪污在厌氧条件下利用厌氧微生物把有机物转化为无机物和少量的细胞物质，这些无机物主要包括大量的沼气（2/3 的甲烷和 1/3 的二氧化碳，少量的硫化氢）和水。

以厌氧消化池为代表的早期厌氧消化工艺被称为第一代厌氧消化工艺，属于低负荷系统。基于保持大量的厌氧活性污泥和足够长的污泥龄，同时保持废水和污泥之间的充分接触原则开发的厌氧反应器被称为第二代厌氧反应器。上流式厌氧污泥床（UASB）反应器是其中的典型代表，此外还包括厌氧滤床、厌氧混合反应器和厌氧折流反应器。第二代厌氧反应器在有机物的浓度和性质适宜时，有机负荷 COD 可高达 $10\sim20kg/(m^3 \cdot 天)$。第三代厌氧反应器的反应效率更高，其典型的代表有 EGSB、IC 等，反应器的有机负荷 COD 可高达 $50kg/(m^3 \cdot 天)$。

（4）好氧生物处理。利用好氧微生物（包括兼性微生物）在有氧气存在的条件下，进行生物代谢，从而降解有机物。包括活性污泥法和生物膜法两大类。

活性污泥法的核心设施是曝气池和后续处理中的二沉池。开始运行时，须先在曝气池内注满污水并进行曝气，细菌通过分裂繁殖形成肉眼可见的菌落，从而培养出活性污泥，然后即可连续运行。正常运行后，经适当预处理（如沉淀）后的污水，不断引入曝气池，与池中的活性污泥形成混合液，其中的有机物在曝气过程中被活性污泥降解，混合液又不断流入二次沉淀池，沉淀下来的部分活性污泥再回流进曝气池，或先经再生池曝气以形成良好的活性污泥后再回流进曝气池，以保证曝气池中含有足够分解活性好的生物量。良好的活性污泥与充足的氧气是活性污泥法正常运行的必要条件。满足这两个条件的关键装置是曝气池和曝气设备。

生物膜法是一种固定膜法，是污水水体自净过程的人工化和强化，主要用于去除废水中溶解性胶体状有机污染物。处理技术有生物滤池（普通生物滤池、高负荷生物滤池、塔式生物滤池）、生物转盘、生物接触氧化设备和生物流化床等。

（5）氧化塘。氧化塘是利用塘水中自然发育的微生物（好氧、兼性及厌氧）在其自身的代谢作用下，氧化分解水中的有机物，是一种较为简单的生物处理构筑物。氧是由塘中生长的藻类进行光合作用及塘面与大气相接触的复氧作用提供的。

氧化塘的优点。在条件合适时（如有可利用的旧河道、河滩、沼泽、山谷及无农业利用价值的荒地等），氧化塘系统的基建投资少；运行管理简单，耗能少，运行管理费用为传统人工处理厂的 $1/5\sim1/3$；可进行综合利用，如养殖水生动物，可形成多级食物链的复合生态系统。如使用得当，会产生明显的经济效益、生态效益和社会效益。

氧化塘的缺点。占地面积过多，处理效果受气候影响，如越冬问题、春秋清淤问题等；如设计或运行不当，可能形成二次污染，如污染地下水、产生臭气等。

8. 处理后利用

（1）固体物质。经过发酵腐熟后的粪便，堆放在水泥硬化地面，上面有遮风挡雨雪的装置。大型牛场可以作为垫料二次利用，有配套耕地的养殖场可以作为基肥施用于田地，还可以作为有机肥销售，也可以作为基质培养单细胞、蝇蛆、蚯蚓、食用菌等，利用牛粪制造生物质燃料。

（2）液体物质。好氧或厌氧发酵后的液体，存放在贮存池内。牛场或猪场可以用来回冲粪道或积粪沟。有配套耕地的养殖场可以随水浇灌或滴灌于田地，也可以作为商品液体肥销售。在南方高温地带，可以生长藻类和水生植物，用于养鱼或青绿饲料。

（3）沼气。厌氧发酵产生的沼气可以直接作为燃料，用于生产生活。

9. 粪污产生测量

从应用范围入手，粪便产生量的计算分为两个方面：一方面是区域性的，如市、县、乡；另一方面是生产单位，如养殖场、养殖户。通过测定不同季节的猪和奶牛的粪尿日产生量，估算粪尿年产生量，进一步估算养殖场的粪污产生量。通过测定圈舍期、堆肥期粪污的养分含量，与新鲜粪尿对比，计算粪尿在不同阶段的养分损失情况。

（1）区域性粪便产生量。

①年产粪量计算。

计算各家畜粪便年产生量，利用下列公式：

粪年产生量(t/年) = 个体日产粪量(kg) × 饲养周期(天) × 饲养头数(头、羽、只) × 10^{-3}

尿年产生量(t/年) = 个体日产尿量(kg) × 饲养周期(天) × 饲养头数(头、只) × 10^{-3}

②饲养周期。

奶牛和肉牛：因奶牛和肉牛饲养期超过 1 年，因此以年末存栏量作为奶牛和肉牛的饲养量，饲养期为 365 天。

马和驴：因马和驴饲养期超过 1 年，因此以年末存栏量作为当年的饲养量。

猪：主要包括能繁母猪和育肥猪。能繁母猪饲养期超过 1 年，因此以年末存栏量作为饲养量。育肥猪平均饲养周期为 179 天，并以猪的年出栏量作为当年猪的饲养量。

羊：饲养周期平均为 365 天。

家禽：主要包括蛋鸡和肉鸡。蛋鸡饲养期超过 1 年，因此采用年末存栏量作为当年的饲养量；肉鸡的饲养期平均为 55 天，年内出栏量为年内卖出数加上年内自宰自食数。

兔：饲养周期平均为 147 天，以当年出栏量计为饲养量。兔子年出栏量按照年末存栏量的 4 倍估算。

③日产粪尿量。日产粪尿量以新鲜排泄时计量。在实测的基础上，结合国内外资料进行匡算。

（2）生产单位性粪污产生量。养殖场因清粪工艺不同，家畜粪污产生量和性质也不一样。干清粪工艺（粪尿在舍内分流，基本上不混合，粪可单独清除）、厚垫料工艺的鲜粪或粪和垫料混合物，其含水量因畜种、季节等不同含水量为 70%～80%，称为干粪。粪尿混合物的含水量（禽粪除外）约 90%，称为半流体粪。水冲粪或水泡粪的含水量在 90% 以上，称为液粪。干粪只计算新鲜排泄量或鲜粪与垫料总量，半流体粪以粪尿总量计，液粪包含粪尿及生产污水量。

垫料量＝群体日使用垫料量×使用天数。

生产污水：主要用于畜舍清洗、刷洗用具、饲料调制、冲洗粪便、水帘降温等。

10. 畜禽养殖业产污系数

（1）畜禽养殖业产污系数的定义。畜禽养殖业产污系数是指在正常生产和管理条件下，在一定时间内，单个畜禽所产生的原始污染物量，包括粪便量和尿液量以及粪尿中各种污染物的产生量。

考虑到畜禽的产污系数与动物品种、生产阶段、饲料特性等相关，为了便于计算畜禽养殖的产污系数，本书以"天"为单位，分别计算不同动物（生猪、奶牛、肉牛、蛋鸡、肉鸡等）、单个（头、只）动物在不同饲养阶段的产污系数。

（2）计算。畜禽产污系数的具体计算公式如下：

$$FP_{i,j,k} = QF_{i,j} \times CF_{i,j,k} + QU_{i,j} \times CU_{i,j,k}$$

式中：$FP_{i,j,k}$——产污系数，mg/（头·天）；

$QF_{i,j}$——粪便产量，kg/（头·天）；

$CF_{i,j,k}$——第 i 种动物第 j 生产阶段粪便中含第 k 种污染物的浓度，mg/kg；

$QU_{i,j}$——尿液产量，L/（头·天）；

$CU_{i,j,k}$——第 i 种动物第 j 生产阶段尿液中含第 k 种污染物的浓度，mg/L。

从公式可以看出，畜禽原始污染物主要来自畜禽生产过程中所产生的固体粪便和尿液两个部分，为了能够准确地获得各种组分的原始污染物的产生量，首先需要测定不同畜禽、不同饲养阶段每天的固体粪便产生量和尿液产生量，同时采集粪便和尿液样品进行成分分析，分析固体粪便的含水率，以及有机质、全氮、全磷、铜、锌、铅、镉等浓度，以及尿液中的 pH、化学需氧量（COD）、氨氮、总氮、总磷、铜、锌、铅和镉等浓度，再根据产污系数计算公式就可以获得粪尿中各种组分的产污系数。

为了便于统计和分析比较，生猪分为保育猪、育肥猪和妊娠母猪三个阶段，牛分为犊牛、育成牛（育肥牛）和产奶牛（繁殖母牛）三个阶段，蛋鸡分为育雏育成鸡和产蛋鸡两个阶段，肉鸡为一个阶段。

11. 畜禽污染物排污系数

（1）畜禽污染物排污系数的定义。畜禽污染物排污系数是指在典型的正常生产和管理条件下，单个畜禽每天产生的原始污染物经处理设施消减或利用后，或未经处理利用而直接排放到环境中的污染物量。

（2）计算。畜禽排污系数与畜禽产污系数的表达方式一致，以单个畜禽计。排污系数除受粪尿产生量及其污染物浓度的影响外，还受到固体粪便收集率、收集粪便利用率、污水产生量、污水处理设施的处理效率、污水利用量等因素的影响，具体计算公式如下：

$$FD_{i,j,k} = \left[QF_{i,j} \times CF_{i,j,k} \times (1 - \eta_F) + QU_{i,j} \times CU_{i,j,k}\right] \times (1 - \eta_{T,k}) \times$$
$$\left(1 - \frac{WU}{WP}\right) + QF_{i,j} \times CF_{i,j,k} \times \eta_F \times (1 - \eta_U)$$

式中：$FD_{i,j,k}$——排污系数，mg/（头·天）；

$\quad QF_{i,j}$——第 i 种动物第 j 生产阶段的粪便产量，kg/（头·天）；

$\quad CF_{i,j,k}$——第 i 种动物第 j 生产阶段粪便中含第 k 种污染物的浓度，mg/kg；

$\quad \eta_F$——粪便收集率，%；

$\quad QU_{i,j}$——第 i 种动物第 j 生产阶段的尿液产量，L/（头·天）；

$\quad CU_{i,j,k}$——第 i 种动物第 j 生产阶段的尿液中含第 k 种污染物的浓度，mg/L；

$\quad \eta_{T,k}$——第 k 种污染物处理效率，%；

$\quad WU$——污水利用量，m³/天；

$\quad WP$——污水产生量，m³/天；

$\quad \eta_U$——粪便利用率，%。

12. 影响因素

（1）影响粪污产生量的因素。影响动物消化生理、消化道结构及其机能和饲料性质的因素，都会影响粪便量。畜禽的排尿量受品种、年龄、生产类型、饲料、使役情况、季节和外界温度等因素的影响，任何因素变化都会使动物的排尿量发生变化。冲洗水也是粪污中的一个因素，水冲粪用水量大；部分猪场夏季的降温用水也是粪污的一部分。

（2）影响粪污养分含量的因素。畜禽粪尿从排泄出机体到施用于田地，经过清扫、储存、处理、贮存、运输、施用等过程，其中养分不可避免地有所损失。

畜禽粪便从排泄产生到农田回用过程中的养分损失率：粪便清扫出圈舍后，堆积过程中氮损失率为 0.1%～60%，磷通过径流方式损失率为 20% 以上；高温好氧堆肥过程中氮损失率为 13%～78%，磷损失较少；厌氧发酵过程中，总氮损失率为 1%～12%，总磷损失率为 2%～3%；沼液存贮 90 天后，其中的总氮和总磷含量分别下降 67.2%～84.3% 和 59.7%～93.5%。值得注意的是，在厌氧发酵过程中虽然只可能有 1%～3% 的磷化氢以气体形式损失，但沼液中 77% 以上的磷会转移到固相（沼渣）中，大大减少了养殖场由污水带入农田的磷量。

二、 畜禽粪污样品采集及处理

（一）动物种类

1. 采样点选择

根据养殖地域差异和饲养管理方式不同，选择 1～2 个养殖场进行全粪尿收集，测定畜禽的粪尿产生量和特性。

2. 动物要求

（1）基本要求。选择体重接近、采食量正常、健康的猪和奶牛。

（2）分类。生猪分保育猪、育成育肥猪、繁育母猪三个饲养阶段；选择 20kg 左右的保育猪，70kg 左右的育成育肥猪，妊娠中期（2 个月）的繁育母猪作为试验动物。

奶牛分成乳母牛、育成牛两个饲养阶段；选择泌乳期奶牛和体重 300kg 左右的育成牛作为试验动物。

3. 动物数量

生猪、奶牛每个饲养阶段随机选择 5 头进行试验。

4. 饲养管理

将生猪饲养于带粪尿收集装置的代谢笼中，适应后供试验用，奶牛采用单头定位饲养。

整个采集过程的饲料、饮水、环境与常规饲养管理一致。

（二）时间

1. 季节

粪便和污水。按季节（春、夏、秋、冬）采样，每个季节（冬：1月，春：4月，夏：7月，秋：10月）连续采样3～5天，每天采集样品1次，保证3天的有效样品。

2. 采样时间和频率

每个养殖场分4个季节采样，每个季节的试验期为12天，前7天为预试期，后5天为正式试验期，每个季节连续采样5天，保证3天的有效采样。

（三）方式

1. 新鲜粪尿

猪代谢笼。有效活动区域可根据动物体形大小进行调节，保证只能站立和蹲卧，不能转身，以减少粪便的污染和损失。代谢笼中与粪便和尿液接触和收集的部位要使用塑料或不锈钢材料，代谢笼中的粪和尿液收集盘（桶）能够分离粪便和尿液，分别进行收集。

奶牛用定位栏。奶牛和肉牛进行单头定位饲养，试验动物只能站立、蹲卧，不能转身，保证动物的粪尿不相互混合，地面铺设橡胶垫或用水泥地面。

奶牛用尿液收集器。采用橡胶材质制成大小适宜的尿液收集器，尿液收集器与导尿装置相连，尿液通过导尿装置进入收集桶。

粪尿收集盘（桶）。代谢笼中的固体粪便收集盘需用不锈钢或塑料材质，尿液收集桶使用塑料桶。

粪尿产生量的测定。准确收集和采集正式试验期内各代谢笼或定位栏中试验动物每天（24h）的排粪或排尿，称量并记录。对采用定位栏饲养的奶牛和肉牛试验动物要及时将产生的粪便收集到粪便收集盆中，防止粪便损失。

对单个代谢笼或定位栏分别收集试验动物的新鲜粪便、称重和记录后，混合均匀分别采集 3 个样品，小体重畜禽（包括鸡和保育猪）的粪便每个样品保证 200g 以上，其余试验动物的粪便样品保证 500g 以上，装入自封样品袋中。

每次采集的 3 个样品中，其中 1 个不进行任何预处理，用于含水率测定，另外 2 个需要进行预处理，按每 100g 新鲜粪便加入 4.5mol/L 的 H_2SO_4 20mL 用于测定其他指标和留样备用。

pH 测定。直接在尿液收集桶中进行。

从尿液收集桶中取出 1~2L，倒入预处理桶中，按每 100mL 加入 4.5mol/L 的 H_2SO_4 2mL 和 4 滴甲苯，搅拌均匀。

使用尿液润洗样品瓶 3 次。将混合均匀的样品装入经过润洗的样品瓶内，每次采集 2 个样品。

2. 圈舍期、堆肥期

粪便。对不同畜禽舍内清理出来的粪便，要分别采样后混匀；对堆粪场的粪便，分层采样，以粪便堆放高度中心点位置将堆高平均分成 4 层，每层采样后混合。混合后的样品再按照四分法留取样品进行后续预处理及检测。

污水。采集排水渠或排水管（污水处理设施出水口）水样时采用流量比例采样，将同一采样点采集的污水样品制成混合样。

（四）样品预处理

样品预处理是根据后续试验要求、测定指标来进行的，不同要求则预处理的方法不同，结合后面的试验安排，顾及各种不同情况。

1. 粪便

现场采样完毕后要求对新鲜样品进行现场预处理和保存，每次采集的 3 个新鲜粪便样品中的 2 个样品添加浓度为 4.5mol/L H_2SO_4，添加比例为每 100g 鲜粪加 20mL；另外一个样品不进行预处理，用于含水率的测定。

2. 污水

现场采样完毕后，按不同指标保存条件的要求对污水样品进行现场预处理，其中需要测定 COD、氨氮、凯氏氮和总磷指标的样品需调节至 pH<2。

调节 pH 的具体操作步骤如下：从样品混合桶中取 2L 左右混合水样到预处理桶中，然后一边加入浓硫酸一边搅拌，同时使用 pH 试纸测定污水 pH；当调节至 pH<2 后，停止加浓硫酸，均匀搅拌后装满样品瓶，样品瓶口不能留有空气。

（五）运输及保存

1. 粪便

样品运输前逐一与采样记录和样品标签进行核对，核对无误后分类装箱。采集的粪便在运输过程中保存在保温样品箱内，以防在运输途中破损。除了避免日光照射和低温运输外，还要防止新的污染物玷污，导致样品变质。粪便样品应在 4℃ 以下避光保存，并尽快（24h 之内）送至检测实验室分析化验。

2. 污水

装有水样的容器必须加以妥善保护和密封，并装在保温样品箱内固定，以防在运输途中破损，包括材料和运输水样的条件都应严格要求。除了防震、避免日光照射和低温运输外，还要防止新的污染物进入容器和玷污瓶口使水样变质。污水样品需在保存期限内完成检测工作。

三、粪污养分测定

（一）测定原理

粪污中的有机氮经硫酸—过氧化氢消煮，转化为铵态氮。碱化后蒸馏出来的氮用硼酸溶液吸收，以标准酸溶液滴定，计算样品中的总氮含量。在一定酸度下，试样溶液中的磷酸根离子与偏钒酸和钼酸反应形成黄色三元杂多酸。在一定磷浓度范围内，吸光度与含磷量呈正比例关系，用分光光度法测定磷含量。试样溶液在火焰的激发下，发射出钾元素的特征光谱，在一定浓度范围内，发射强度与溶液中钾的浓度成正比。在与标准曲线相同的条件下，通过测定试样溶液中钾元素的发射强度，可求得钾浓度。用定量的重铬酸钾—硫酸溶液，在加热条件下，使粪污中的有机碳氧化，多余的重铬酸钾溶液用硫酸亚铁标准溶液滴定，同时以二氧化硅为添加物做空白试验。根据氧化前后氧化剂的消耗量，计算有机碳含量，乘以系数 1.724，为有机质含量。

（二）总氮含量测定

1. 测定

称取风干试样 0.5～1.0g（精确至 0.000 1g），置于 250mL 锥形瓶底部或体积适量的消煮管底部，用少量水冲洗黏附在瓶/管壁上的试样，加 5mL 硫酸和 1.5mL 过氧化氢，小心摇匀，瓶口放一弯颈小漏斗，放置过夜。缓慢加热至硫酸冒烟，取下，稍冷加 15 滴过氧化氢，轻轻摇动锥形瓶或消煮管，加热 10min，取下，稍冷却后再加 5～10 滴过氧化氢并分次消煮，直至溶液呈无色或淡黄色清液后，继续加热 10min，除尽剩余的过氧化氢。取下冷却，小心加水至 20～30mL，轻轻摇动锥形瓶或消化管，用少量水冲洗弯颈小漏斗，将洗液收入锥形瓶或消煮管中。将消煮液移入 100mL 容量瓶中，冷却至室温，加水定容至刻度。静置澄清或用无磷滤纸过滤到具塞三角瓶中，备用。

于锥形瓶中加入 10mL 硼酸指示剂混合液，放置锥形瓶于蒸馏仪器氨液接收托盘上，冷凝管管口插入硼酸液面中。吸取消煮清液 50mL 于蒸馏瓶内，加入 200mL 水（视蒸馏装置定补水量）。将蒸馏管与定氮仪器蒸馏头相连接，加入 15mL 氢氧化钠溶液，蒸馏。当蒸馏液体达到约 100mL 时，即可停止蒸馏。

同时做空白试验。

用硫酸标准溶液或盐酸标准溶液直接滴定蒸馏液，液体由蓝色刚变至紫红色为止。记录消耗酸标准溶液的体积。

2. 计算

粪污的总氮含量以质量分数 ω（％）表示，按如下公式计算：

$$\omega = \frac{c \times (V - V_0) \times 0.014 \times D \times 100}{m \times (1 - X_0)}$$

式中：c——标定标准溶液浓度，mol/L；

      V——滴定试样溶液所消耗的标准溶液体积，mL；

      V_0——滴定空白试样溶液所消耗的标准溶液体积，mL；

  0.014——N 的摩尔质量，kg/mol；

      D——分取倍数，定容体积与分取体积之比；

      m——风干样质量，g；

      X_0——风干样水分含量。

（三）总磷含量的测定

1. 测定

固体样品缩分至 100g，将其迅速研磨至全部通过 0.5mm 孔径筛（如样品潮湿，可通过 1mm 筛子），混合均匀，置于洁净、干燥容器中；液体样品经多次摇动后，迅速取出 100mL，置于洁净、干燥的容器中。

称取试样 0.5～4g（精确至 0.000 1g）置于 250mL 锥形瓶中，加入 5～

10mL 硫酸和 3～5mL 过氧化氢，小心摇匀，放上小漏斗，缓慢加热至沸腾，继续加热保持 30min。取下，若溶液未澄清，稍冷后，再加入 3～5mL 过氧化氢，加热至沸腾并保持 30min，如此反复进行，直至溶液为无色或浅色清液。继续加热 10min，冷却，将溶液移入 250mL 容量瓶中，冷却至室温，用水稀释至刻度，混匀。干过滤，弃去最初几毫升滤液，滤液待测。

吸取磷标准溶液 0mL、1.0mL、2.5mL、5.0mL、7.5mL、10.0mL、15.0mL 分别置于 7 个 50mL 容量瓶中，加水至 30mL 左右，加 2 滴 2,4-二硝基酚指示剂（或 2,6-二硝基酚指示剂），用氢氧化钠溶液和硫酸溶液调至刚呈微黄色，加 10.0mL 钒钼酸铵试剂，摇匀，用水定容。此标准系列溶液含磷 $0\mu g$、$50\mu g$、$125\mu g$、$250\mu g$、$375\mu g$、$500\mu g$、$750\mu g$。在室温下放置 20min 后，分光光度计在 450nm 波长处用 1cm 比色皿进行比色，以 $0\mu g$ 的标准溶液调零，读取吸光度。以标准系列溶液中磷的质量（μg）为横坐标，相应的吸光度为纵坐标，绘制标准曲线。

吸取含磷 50～750μg 的试样溶液于 50mL 容量瓶中，加水至 30mL，与标准系列溶液同样条件下显色、比色，以空白试验溶液调零，读取吸光度。在标准曲线上查出相应磷的质量（μg）。

同时做空白试验。

2. 计算

磷（P_2O_5）含量以质量分数 ω 计，数值以百分率表示，按如下公式计算。

$$\omega = \frac{m_2 V_1 \times 2.292}{m V_2 \times 10^6} \times 100\%$$

式中：m_2——由标准曲线查出的试样溶液中磷的质量，μg；

$\qquad V_1$——试样溶液的总体积，mL；

2.292——磷质量换算为五氧化二磷质量的系数；

$\qquad m$——试料的质量，g；

$\qquad V_2$——吸取的试样溶液的体积，mL；

$\qquad 10^6$——将克换算成微克的系数，$\mu g/g$。

（四）总钾含量的测定

1. 测定

固体样品缩分至 100g，将其迅速研磨至全部通过 0.5mm 孔径筛（如样品潮湿，可通过 1mm 筛子），混合均匀，置于洁净、干燥的容器中；液体样品经多次摇动后，迅速取出 100mL，置于洁净、干燥的容器中。

称取试样 0.5～4g（精确至 0.000 1g）置于 250mL 锥形瓶中，加入 5～10mL 硫酸和 3～5mL 过氧化氢，小心摇匀，放上小漏斗，缓慢加热至沸腾，继续加热保持 30min。取下，若溶液未澄清，稍冷后，再加入 3～5mL 过氧化氢，加热至沸腾并保持 30min，如此反复进行，直至溶液为无色或浅色清液。继续加热 10min，冷却，将溶液转移入 250mL 容量瓶中，冷却至室温，用水稀释至刻度，混匀。干过滤，弃去最初几毫升滤液，滤液待测。

分别准确吸取钾标准溶液 0mL、2.5mL、5.0mL、10.0mL、15.0mL、20.0mL 于 6 个 100mL 容量瓶中，加水定容，混匀。此标准系列溶液钾的质量浓度分别为 $0\mu g/mL$、$2.5\mu g/mL$、$5.0\mu g/mL$、$10.0\mu g/mL$、$15.0\mu g/mL$、$20.0\mu g/mL$。在选定工作条件的火焰光度计上，分别以标准溶液的 0 点和浓度最高点调节仪器的零点和满度（一般为 80），然后由低浓度到高浓度分别测定各标准溶液的发射强度值。以标准系列溶液钾的质量浓度（$\mu g/mL$）为横坐标，相应的发射强度为纵坐标，绘制标准曲线。

试样溶液直接（或适当稀释后）在与测定标准系列溶液相同的条件下，测得钾的发射强度，在工作曲线上查出相应钾的质量浓度（$\mu g/mL$）。

空白试验除不加试样外，其他步骤同试样溶液。

2. 计算

钾（K_2O）含量以质量分数 ω 计，数值以百分率表示，按如下公式计算。

$$\omega = \frac{(\rho_1 - \rho_0)DV_1 \times 1.205}{m \times 10^6}$$

式中：ρ_1——由标准曲线查出的试样溶液钾的质量浓度，$\mu g/mL$；

ρ_0——由标准曲线查出的空白溶液中钾的质量浓度，$\mu g/mL$；

D——测定时试样溶液的稀释倍数；

V_1——试样溶液的总体积，mL；

1.205——钾质量换算为氧化钾质量的系数；

m——试料的质量，g；

10^6——将克换算成微克的系数，$\mu g/g$。

（五）有机质含量的测定

1. 测定

称取风干试样 0.2～0.5g（精确至 0.000 1g，含有机碳不大于 15mg），置于 500mL 的三角瓶中，准确加入 0.8mol/L 重铬酸钾溶液 50.0mL，再加入 50.0mL 硫酸，加一弯颈小漏斗，置于沸水中，待水沸腾后计时，保持 30min。取出冷却至室温，用少量水冲洗小漏斗，洗液承接于三角瓶中。将三角瓶内反应物无损转入 250mL 容量瓶中，冷却至室温，定容摇匀，吸取 50.0mL 溶液于 250mL 三角瓶内，加水至 100mL 左右，加 2～3 滴邻啡啰啉指示剂，用硫酸亚铁标准溶液滴定近终点时，溶液由绿色变成暗绿色，再逐滴加入硫酸亚铁标准溶液直至生成砖红色为止。同时，称取 0.2g（精确至 0.000 1g）二氧化硅代替试样，做空白试验。

如果滴定试样所用硫酸亚铁标准溶液用量不到空白试验所用硫酸亚铁标准溶液用量的 1/3 时，则应减少称样量，重新测定。

2. 计算：

有机质含量以质量分数 ω（%）表示，计算公式如下：

$$\omega = \frac{c \cdot (V_0 - V) \times 3 \times 1.724 \times D}{m(1 - X_0)} \times 100$$

式中：V_0——空白试验所消耗硫酸亚铁铵标准溶液体积，mL；

V——试样测定所消耗硫酸亚铁铵标准溶液体积，mL；

c——硫酸亚铁铵标准溶液的浓度，mol/L；

3——1/4 碳原子的摩尔质量，g/mol；

1.724——由有机碳换算成有机质的系数；

D——分取倍数，定容体积与分取体积之比；

m——风干试样的质量，g；

X_0——风干试样含水量数值，%。

四、粪便产生量及养分含量

畜禽粪便产生量及养分含量根据测算和资料求出平均值，但因受动物机体本身、饲养管理、外界环境等因素影响，该数值只能作为生产参考。在实际应用中，固体粪便经发酵后生产有机肥，可以作为基肥施用于大田、菜地、林地、草场等；液体污水经发酵后生产水肥，可以大面积灌溉或者随水滴灌。其养分含量按照有机肥养分含量计算，同时考虑养分留存量及当季实际利用效率（表 2-1）。

表 2-1　畜禽粪便排泄系数及其中的养分含量

种类	饲养期（天）	粪便排泄量（kg/天）	饲养期粪便排泄量（t/年）	总氮含量（%）	总磷含量（%）
奶牛	365	53.150	19.400	0.351	0.082
肉牛	365	31.500	11.500	0.351	0.082
马	365	16.160	5.900	0.378	0.077
驴	365	13.700	5.000	0.378	0.077
育肥猪	179	5.500	0.980	0.238	0.074
能繁母猪	365	5.500	2.010	0.238	0.074
羊	365	3.000	1.100	1.014	0.216
蛋鸡	365	0.146	0.053	1.032	0.413
肉鸡	55	0.100	0.006	1.032	0.413
兔	147	0.170	0.025	0.874	0.297

第三章

土壤养分及含量测定

一　土壤概述

（一）土地、土壤、耕地

1. 土地、土壤的概念及相互关系

土地是由陆地表面一定立体空间内的气候、土壤、基础物质、地形地貌、水文及植被等自然要素构成的自然地理综合体，同时也包含着人类活动对其改造和利用的结果。因此，土地是一个自然经济综合体。

土壤是指地球陆地表面具有肥力能够生长植物的疏松表层。它是在气候、母质、生物、地形和成土年龄等诸多因子综合作用下形成的独立的历史自然体。土壤主要由固体、液体和气体组成，这三类物质互相联系、互相制约，成为了一个有机整体，表现出相应的土壤功能，并随着自然条件和人类农业活动的影响而不断发展变化。

土壤只是土地表层的附属物，人力可以搬动土壤，却无法搬动土地。

2. 农用地、耕地的概念

农用地指直接用于农业生产的土地，包括耕地、园地、林地、牧草地及其他农用地。

耕地指种植农作物的土地，包括熟地、新开发复垦整理地、休闲地、轮歇地、草田轮作地；以种植农作物为主，间有零星果树、桑树或其他树木的土地；平均每年能保证收获一季的已垦滩地和海涂。耕地中还包括沟、渠、路（南方宽<1m，北方宽<2m）和田埂。

（二）土壤分类

1. 土壤系统分类

（1）土壤系统分类。中国土壤系统分类以诊断层和诊断特性为基础，另外涉及分类原则、分类系统、检索系统。采用线性分类法将土壤分类系统的分类

单元划分为土纲、亚纲、土类、亚类、土属、土种6个层级。中国土壤（2009年）分类为12个土纲、30个亚纲、60个土类、229个亚类、658个土属和2 624个土种。新疆生产建设兵团垦区土壤分类为7个土纲、22个土类、72个亚类、88个土属。

（2）土壤系统分类基础。中国土壤系统分类根据主要成土过程产生的或影响主要成土过程的性质、主要成土过程强度及附加过程特性等划分，即按诊断层、诊断特性或诊断现象划分。土族及土系为基层分类级别，主要按地域性成土因素所引起的土壤性质变化，以及若干剖面性态特征相似的单个土体组成的聚合土体来划分，在该分类体系中，每一个级别的土壤均有所属高级分类单元的重要属性及其分异特性，是所属高级分类单元的续分。因此，在中国土壤系统分类谱系式的体系中，基层分类在所属高级分类单元之下，直接按地域性因素所引起的土壤性质及剖面形态特征等划分，由于剖面土层和土壤性状是不同成土过程的产物，是诊断层与诊断特性的体现，只要遵循诊断定量分类标准，以及对相似单个土体进行规范化评比，即可保证整个土壤分类的客观性。

（3）诊断层、诊断特性、诊断现象。凡是用以鉴别土壤类别在性质上有一系列定量规定的土层称为诊断层，如果用于分类的不是土层，而是具有定量规定的性质（形态的、物理的、化学的），则称为诊断特性。中国土壤系统分类设有11个诊断表层、20个诊断表下层、2个其他诊断层以及25个诊断特性。

①诊断层。土壤诊断层是土壤发生层按定量指标的划分或重组，两者既有联系又有区别。一些诊断层与发生层同名，如盐积层、石膏层、钙积层、盐磐、黏磐等，有的诊断层与发生层相同但名称各异，如雏形层相当于风化B层。有的由一个发生层派生若干诊断层，如作为发生层的腐殖层，按其颜色、有机质含量、盐基饱和度和土层厚度等定量规定分为暗沃表层、暗瘠表层和淡薄表层3个诊断层。有些诊断层由两个发生层合并而成，如水耕表层包括（水耕）耕作层和犁底层，干旱表层包括孔泡结皮和片状层。

诊断层通常有特定的位置，而大多数诊断特性是泛土层的，如潜育特征可见于A层、B层或C层，也可见于某一层或两层甚至全剖面各层。诊断特性常重叠于某个或某些诊断层中，如铁质特性可见于同一单个土体中的雏形层和黏化层；或构成某些诊断层的物质基础，如人为淤积物质与灌淤层、草毡有机物质与草毡层等。有些则是非土层的，如土壤温度状况、土壤水分状况等。

诊断表层是指位于单个土体最上部的诊断层。它并非发生层中A层的同义语，而是广义的"表层"。即包含狭义的A层，也包括向B层过渡的AB

层。在中国土壤系统分类中共设置 11 个诊断表层，可归纳为四大类，即：一是有机物质表层类（有机表层、草毡表层），二是腐殖质表层类（暗沃表层、暗瘠表层、淡薄表层），三是人为表层类（灌淤表层、堆垫表层、肥熟表层和水耕表层），四是结皮表层类（干旱表层、盐结壳）。

诊断表下层是在土壤表层之下，由物质的淋溶、迁移、淀积或就地富集等作用所形成的具有诊断意义的土层，包括发生层中的 B 层和 E 层。在土壤遭受严重侵蚀的情况下，可裸露于地表。

②诊断特性。诊断特性与诊断土层的不同在于并非一定为某土层所有，诊断特性则是可出现于单个土体的任何部位，常是泛土层或非土层的。例如，潜育特征可单见于 A 层或 C 层，也可见于 A 层和 B 层、或 B 层与 C 层。诊断特性也可重叠出现于某个或某些诊断层之中，如铁质诊断特性可见于同一个单个土体的雏形层和/或黏化层；有些诊断特性则是非土层的，如土壤水分状况和土壤温度状况等。

③诊断现象。中国土壤系统分类还把在性质上已经发生明显变化，尚不能完全满足诊断层或诊断特性规定的条件，但在土壤分类上具有重要意义的土壤性状，作为划分土壤类别依据的称为诊断现象。例如碱积现象、钙积现象、变性现象等，主要用于亚类一级。

2. 土壤发生学分类

（1）土壤发生学分类。土壤发生学分类从上而下共设立了土纲、亚纲、土类、亚类、土属、土种和变种。其中，对那些具有共性的土类统称为土纲，亚纲是对土纲范围内土壤群体的续分，土类是高级分类的基本单元，亚类是土类的续分，土属是承上启下的意义单元，土种是基层单元，变种是土种范围内的变化。分类系统中的高级分类单元主要反映的是土壤在发生学方面的差异，而低级分类单元则主要考虑到土壤在其生产利用方面的不同。高级分类用来指导小比例尺的土壤调查制图，反映土壤的发生分布规律；低级分类用来指导大比例和中比例层的土壤调查制图，为土壤资源的合理开发利用提供依据。

中国土壤发生分类系统采用连续命名与分段命名相结合的方法。土纲和亚纲为一段，以土纲名称为基本词根，加形容词或副词前缀构成亚纲名称，亚纲段名称是连续命名。例如，铁铝土土纲中的湿热铁铝土是含有土纲与亚纲的名称。土类和亚类为一段，以土类名称为基本词根，加形容词或副词前辍构成亚类名称，如黄色砖红壤、黄红壤，可自成一段单用，但它是连续命名法。土属名称不能自成一段，多与土类、亚类连用，如氯化物滨海盐土、酸性岩坡积物草甸暗棕壤，是典型的连续命名法。土种和变种名称也不能自成一段，必须与土类、亚类、土属连用，如黏壤质（变种）、厚层、黄土性草甸黑土。土壤名称既有从国外引进的，如黑钙土；也有从群众名称中提炼的，如白浆土；也有根据土壤特点新创造的，如砂姜黑土。

中国主要土壤发生类型可概括为红壤、棕壤、褐土、黑土、栗钙土、漠土、潮土（包括砂姜黑土）、灌淤土、水稻土、湿土（草甸、沼泽土）、盐碱土、岩性土和高山土等系列。

（2）土壤发生学分类依据。土壤发生分类是在承认"土壤成土条件—成土过程—土壤属性"三者相互联系、相互统一的前提下，依据土壤的成土条件、地理发生及形态发生过程进行土壤分类的。由于缺乏严格的定量分类标准，该分类系统在进行土壤分类时常以土壤的中心概念和土壤成土条件作为分类依据，所以它是一个定性分类。土壤发生学分类考虑到了土壤剖面形态特征，并结合中国特有的自然条件和土壤特点，生产利用性较强，是一种偏实践的分类方法。

不过，在实际工作中，当遇到成土条件、成土过程和土壤性质不统一时，往往以现代成土条件来划分土壤，而不再强调土壤性质是否与成土条件相吻合。中国土壤发生分类系统对于用发生学的思想研究认识分布于陆地表面形形色色的土壤发生分布规律，特别是宏观地理规律，在开发利用土壤资源时，充分考虑生态环境条件，因地（地理环境）制宜是十分有益的。但这个系统也有定量化程度差、分类单元之间的边界比较模糊的缺点。

3. 土壤质地分类

（1）土壤质地分类。中国土壤质地分类是根据砂粒、粉粒、黏粒含量进行土壤质地划分的。凡是黏粒含量大于 30% 的土壤划分为黏质土类，砂粒含量大于 60% 的土壤划分为沙质土类。土壤质地是影响土壤肥力、耕性、生产性能的基本因素之一。

（2）土壤质地分类依据。土壤的固体物质由大小不同的矿物质颗粒组成，粒径 $1\sim0.05mm$ 的称为砂粒，$0.05\sim0.005mm$ 的称为粉粒，$0.005\sim0.001mm$ 的称为泥粒，小于 $0.001mm$ 的称为黏粒。在自然界的土壤中，砂粒和黏粒的含量不同，土壤就表现出不同的砂性和黏性，与土壤的蓄水供水、保肥供肥、保温导温以及土壤通透性、耕作性能关系极大。

①石砾和砂粒。石砾和砂粒是土壤颗粒的粗骨部分，矿物组成以原生矿物为主，与母质或母岩的矿物组成相似。颗粒比表面积小，无黏结性、黏着性、可塑性，不吸水，没有胀缩性，不带电荷，没有胶体特性，对土壤肥力贡献较

小。石砾多为岩石碎块，在山区土壤和河漫滩土壤中常见。砂粒主要为原生矿物，大多为石英、长石、玄母、角闪石等，其中以石英为主，在冲积平原土壤中常见。

②黏粒。黏粒是土壤形成过程的产物，是土壤中最细小的部分，又称为土壤无机胶体。黏粒的矿物成分主要为次生矿物，与母岩或母质的成分差异较大；黏粒的颗粒小，比表面积大，如蒙脱石可达 $800 \mathrm{m}^2/\mathrm{g}$，具有很高的表面能；次生铝硅酸盐黏粒矿物多为次生层状结构，有较强的黏结性、黏着性、可塑性；蒙脱石类黏土矿物具有很强的膨胀性；黏粒本身养分含量高，胶体特性强，具有很强的吸附能力，是储藏土壤养分的仓库。

③粉粒。粉粒的粒径大小介于黏粒与砂粒之间，其许多性质也介于黏粒与砂粒之间。矿物成分既有原生矿物也有次生矿物，但主要成分也是石英，有时被称为粉砂粒。粉粒具有一定的可塑性、黏结性、黏着性和吸附性。

（3）中国质地制分类特点。①与其配套的粒级制是在卡钦斯基粒级制基础上稍加修改而成的，主要是把黏粒上限从 $1\mu m$ 提高至公认的 $2\mu m$，但确定质地仍按照细黏粒（$<1\mu m$）含量。这样沿用了卡钦斯基制中以 0.01mm（$10\mu m$）和 0.001mm（$1\mu m$）两个粒级界线来划分质地。②同国际制和美国制一样，采用三元制（三个粒级含量）的原则，而不是用卡钦斯基制的二元制原则。③在三元制原则中用粗粉粒含量代替国际制等的粉粒含量。这是考虑到我国广泛分布着粗粉质土壤（如黄土母质发育的土壤），而农业土壤的耕性尤其是汀板性问题（以白土型和咸沙土型的水稻土更为突出），受粗粉粒级与细黏粒级含量比的影响大。不过，由于中国制的三元制粒级互不衔接，不能构成三角质地图，故不便查用。中国制也难以反映黏质土受粗粉质影响的问题，而卡钦斯基详制用粉质、粗粉质的冠词，美国农业部等制有粉黏壤、粉黏土的质地名称，均可反映此点。我国土壤质地分类标准兼顾了我国南北土壤特点。如北方土中含有 1～0.05mm 砂粒较多，因此砂土组将 1～0.05mm 砂粒含量作为划分依据；黏土组主要考虑南方土壤情况，以<0.001mm 细黏粒含量划分；壤土组的主要划分依据 0.05～0.01mm 粗粉粒含量。中国质地制比较符合我国国情，但实际应用中还需进一步补充与完善。

（三）土壤组成

1. 土壤组成

土壤主要由固体、液体和气体组成。土壤固体体积约占整个土壤体积的一半，另一半为孔隙体积，孔隙中充满了空气或土壤溶液，所以土壤具有疏松的结构。固体包括矿物质、有机质、微生物，约占土壤体积的50％；液体为水分和溶液，占土壤体积的2％～45％；气体主要是氧气和二氧化碳，占土壤体积15％～48％。

2. 土壤固体

（1）土壤矿物质。在土壤环境中，矿物质是土壤的主要组成部分，占土壤总质量的90％以上，是由岩石、矿物经过风化和成土过程而形成的产物。可按其成因类型及其成分将土壤的矿物质分为两类：原生矿物和次生矿物。在土壤的形成过程中，两者以不同的比例混合，构成土壤的骨架，支撑着生长在土壤上的植物，并直接影响土壤的理化性质。

①原生矿物。凡在地壳中最先存在的、经风化作用后仍无变化地遗留在土壤中的一类矿物，称为原生矿物质。此类物质经过物理风化成为碎屑状物质，其原来的化学组成和结晶构造都没有改变。土壤中最主要的原生矿物有四类：硅酸盐类矿物、氧化物类矿物、硫化物类矿物和磷酸盐类矿物。数量最多的石英和长石构成土壤的砂粒骨架，而云母、闪角石类则为植物提供许多无机营养物质，其中硅酸盐类矿物占岩浆岩质量的80％以上。

硅酸盐类矿物：长石类、云母类、辉石类和角闪石类等矿物，容易风化而释放出 K、Na、Ca、Fe、Mg 和 Al 等元素，可供植物吸收，同时形成新的次生矿物。氧化物类矿物：主要包括石英（SiO_2）、赤铁矿（Fe_2O_3）、金红石（TiO_2）、蓝晶石（$Al_2Si_2O_5$）等。硫化物类矿物：土壤中通常只有铁的硫化物，即黄铁矿和白铁矿，二者是同质异构分子式，均为 Fe_2S，极易风化，成为土壤中硫元素的主要来源。磷酸盐类矿物：土壤中分布最广的是磷灰石，包括抓磷灰石和氯磷灰石两种；其次是磷酸铁、铝以及其他磷的化合物，是土壤中无机磷的重要来源。

②次生矿物。是指在土壤形成过程中，由原生矿物经化学风化后而转化形成的新矿物。其化学组成和晶体结构都有所改变，统称次生矿物质。土壤中次生矿物质的种类很多，不同的土壤所含的种类和数量不同。通常根据其性质与结构可分为三类：简单盐类、三氧化物类和次生铝硅酸盐类。三氧化物和次生铝硅酸盐是土壤矿物质中最细小的部分，一般将它们（或单将后者）称之为次生黏土矿物。土壤很多重要的物理、化学过程和土壤性质，都和土壤所含的黏土矿物，特别是次生铝硅酸盐的种类和数量有关。

（2）土壤有机质。土壤有机质包括土壤中各种动植物残体、微生物体及其分解和合成的有机物质。土壤有机质是土壤的重要物质组成，尽管它在土壤中的含量一般在5％以下，但他对土壤功能的影响是很深刻的。

土壤有机质的种类繁多，性质各异，主要包括碳水化合物、含氮化合物和腐殖质三大类，此外还有数量极少的其他类别化合物，如脂蜡类等。

腐殖质是一般的有机化合物经微生物作用后，在土壤中新形成的一类性质稳定、结构极其复杂的特殊高分子化合物。腐殖质不是结构、分子相同的单一化合物，而是由多种化合物集合而成的混合物。它的主体是不同分子量和结构的腐殖酸和它的盐类，一般占85％～90％，其余为一些简单的有机化合物。由于这些简单化合物和腐殖质紧密结合，难以完全分离，所以把这些简单化合物和腐殖质的混合物统称为腐殖质，而把各种腐殖酸称为腐殖物质。土壤中重要的腐殖质有胡敏酸和富里酸。腐殖质的主要组成元素有碳、氢、氧、氮、硫、磷等，还有少量的钙、镁、铁、硅等。腐殖质是结构复杂的高分子聚合物，其单体中有芳核结构，芳核上有许多取代基，其中也包括脂肪族侧链。整个分子含有多种官能团，重要的官能团有羧基、酚羟基、醇羟基、碳基、甲氧基、氨基等。它们表现出多种活性，其中以对金属离子的络合性和吸附性最为重要。

（3）土壤生物。土壤生物是指土壤中活的生物群体，包括微生物（细菌、放线菌、真菌和藻类等）、土壤无脊椎动物（原生动物、蠕虫和节肢动物等）和土壤动物（两栖类、爬行类等）。土壤生物参与岩石的风化过程和原始土壤的生成，对土壤的生长发育、土壤肥力的形成和演变以及高等植物营养供应状况有重要作用。另外，土壤微生物群类的特性和数量与土壤肥力和植物生长有密切关系，同时在土壤和其他生态系统中的物质能量循环传递中起着关键性作用。土壤物理性质、化学性质和农业技术措施，对土壤生物的生命活动也有很大影响。

3. 土壤水分和土壤溶液

（1）土壤水分。地球表面全部土壤中的水不及地球水圈含水总量的0.01％，充当了土壤中所发生各种化学反应的介质，对于岩石风化、土壤形成、植物生长有着决定性意义。

大气降水到达地面后，一部分以水汽的方式蒸发、蒸腾返回大气，其余水分渗入土壤，当降水超过土壤渗入能力时，水在土表积累形成地表径流，渗入到土壤中的水分提高了土壤孔隙中的水分贮备量，并向深层土壤缓慢流动，植物根系从土壤中吸收水分，过量的水分向地下渗漏，使地下水源重新获得补充，这一系列过程构成了水循环。

从功能关系看，处在不同状态的水分具有不同的能量。当水和干燥的土壤接触时，使得扩展着的水分以水膜的形式覆盖在土粒的表面，这一过程使水分子的活动性和能量水平降低，由于土粒表面有很强的黏附力，土壤颗粒吸附着表层水分子，这种水分称为吸着水，它几乎是不移动的，因此这种水对植物是无效的。超过土壤颗粒吸引力范围以外的水分子是借内聚力（水分子间的氢键）被保持在水膜中。外层的膜状水称为内聚水或毛细管水，与吸着水相比，有较高的能量水平，较易移动。在土壤的水膜中，靠外侧的 2/3 的水膜被认为是对植物有效的。土壤水分既是植物养分的主要来源，也是进入土壤的各种污染物向其他环境圈层（如水圈、生物圈）迁移的媒介。

（2）土壤溶液。土壤溶液的形成是土壤三相成分间进行物质和能量交换的结果，因此其组成非常复杂。常见的溶质有无机胶体、无机盐类、有机化合物类、络合物类及溶解性气体类等，而溶液具有养分、渗透等特点，对土壤生物有很大的影响。

4. 土壤空气

土壤孔隙中所存在的各种气体的混合物称为土壤空气。这些气体主要来自大气，它的组成成分和大气基本相似，以 O_2、N_2、CO_2 和水等为主。另外，土壤空气中某些特殊成分是大气中所没有的，这是由于土壤进行生物化学作用的结果，如 H_2S、NH_3、H_2、CH_4、NO_2、CO 等，另外一些醇类、酸类以及其他挥发性物质通过挥发作用也会进入土壤。

土壤空气不同于大气。首先，土壤空气是不连续的，存在于被土壤固体隔离开的土壤孔隙中，使其组成成分在土壤中各不相同。其次，土壤空气中的含水量和 CO_2 含量比大气高，含氧量比大气低。

土壤空气是土壤的重要组分之一。它对土壤微生物活动、营养物质的转化以及植物的生长发育都有着重大作用。因此，土壤空气的状况是决定土壤肥力的重要因素之一。

（四）土壤质地

1. 土壤机械组成和土壤质地

（1）土壤机械组成和土壤质地定义。土壤不同级别颗粒的含量分布称之为土壤颗粒分布，又叫作土壤机械组成。土壤各粒级的相对含量（颗粒组成）的测定称为土壤的机械组成分析。

依据土壤机械组成相近与否而划分的土壤组合叫作土壤质地。

（2）土壤机械组成和土壤质地关系。土壤质地是在土壤机械组成基础上的进一步归类，它概括了反映土壤内在的肥力特征。要确定土壤质地的类型，首先就要测定出土壤中各粒级的百分含量。土壤质地就是根据机械分析数据，依据相应的土壤质地分类制来确定的。实际上二者是有区别的，每种土壤都有自己特定的机械组成，根据质地分类可确定其质地类型；但质地名称相同的土壤其机械组成的数据是不同的。每种质地的土壤各级颗粒含量都有一定的变化范围。

2. 土壤质地肥力特征

（1）砂土。以砂土为代表，也包括缺少黏粒的其他轻质土壤（粗骨土、砂壤），它们都有一个松散的土壤固相骨架，砂粒很多而黏粒很少，胶结力弱，粒间孔隙大，降水和灌溉水容易渗入，内部排水快，但蓄水量少而蒸发失水强烈，水汽由大孔隙扩散至土表而丢失。沙质土的毛管较粗，毛管水上升高度小，如地下水位较低，则不能依靠地下水通过毛管上升作用来回润表土，所以抗旱力弱。只有在河滩地上，地下水位接近土表，沙质土才不致受旱。沙质土的养分少，又因缺少黏粒和有机质而保肥性弱，速效肥料易随雨水和灌溉水流失，作物出苗快，苗期生长好，但后期易脱肥。沙质土含水少，热容量比黏质土小，白天接受太阳辐射增温快，夜间散热降温也快，因而昼夜温差大，对块茎、块根作物的生长有利。早春时沙质土的温度上升较快；在晚秋和冬季，一遇寒潮则沙质土的温度就迅速下降。由于沙质土通气好，好气微生物活动强烈，有机质迅速分解并释放出养分，使农作物早发，但有机质累积难而其含量通常较低。沙质土上施用速效肥料往往肥效猛而不长久，前劲大而后劲不足，应注意多施有机肥料作为基肥，生育期内勤施化肥作为追肥，以满足作物生长发育的需要，并掌握勤浇薄施的原则。沙质土体虽松散，但有的（如细砂壤和粗粉质砂壤）在泡水耕耙后，土壤中细砂粒和粗粉粒含量特别高，黏粒和有机质很少，不能黏结成微团聚体和大团聚体，大小均匀而较粗的单粒在水中迅速沉降并排列整齐紧密，呈现汀浆板结性。砂土宜种植薯类、花生、糜谷和果树。我国新疆、青海、内蒙古、陕北、华北平原以及各地江、河、湖、海地区分布较多。

（2）黏质土。包括黏土和黏壤（重壤）等质地黏重的土壤，此类土壤黏粒（胶粒）含量超过 30％，而其中以重黏土和钠质黏土（碱化黏土、碱土）的黏韧性表现最为明显。此类土壤的细粒（尤其是黏粒）含量高而粗粒（砂粒、粗粉粒）含量极少，常呈紧实黏结的固相骨架。粒间孔隙数目比沙质土多但甚为狭小，有大量非活性孔（被束缚水占据的孔隙）阻止毛管水移动，雨水和灌溉水难以下渗而排水困难，易在犁底层或黏粒积聚层形成上层滞水，影响植物根系下伸。黏质土的孔隙往往被水占据，通气不畅，好气性微生物活动受到抑制，有机质分解缓慢，腐殖质与黏粒结合紧密而难以分解，因而容易积累。空气通透性差，保肥能力强，氮素等养分含量比砂质土中要多得多，但"死水"（植物不能利用的束缚水）容积和难效养分也多。宜耕时期短，耕作费力，质量不易保证，养分含量较为丰富，但肥效前期缓慢，适宜种植水稻，产量较高。施肥后肥效释放慢，作物生根难。黏质土蓄水多，热容量大，昼夜温度变幅较小。在早春，水分饱和的黏质土（尤其是有机质含量高的黏质土），土温上升慢；反之，在受短期寒潮侵袭时，黏质土降温也较慢，作物受冻害较轻。可采用深沟、密沟、高畦或通过深耕和开深浅沟破坏紧实的心土层以及采用暗管和暗沟排水等，以避免或减轻涝害。

　　缺少有机质的黏土，往往黏结成大土块，俗称大泥土，其中有机质特别缺乏者，称死泥土。这种土壤的耕性特别差，干时硬结，湿时泥汗，对肥料的反应呆滞。黏质土的犁耕阻力大，干后龟裂，易损伤植物根系。对于这类土壤，要增施有机肥，注意排水，选择在适宜含水量的条件下精耕细作，以改善结构性和耕性。此外，由于黏土的湿胀干缩剧烈，常造成土地裂缝和建筑物倒塌。

　　（3）壤土。砂粒占 20%～40%，黏粒（胶粒）<30% 的土壤为壤土（两合土）。壤土是砂性、黏性质地较好的土壤，兼有沙质土和黏质土的优点，通透性、持水性都较好，保肥供肥力也较强，宜耕时期较长，耕作质量良好，各种作物都宜种植，产量高而稳定。粗粉壤土中，粗粉粒占优势（60%～80%），有机质缺乏，汀板性强，不利于幼苗扎根和发育。壤土广泛分布在黄土地区、华北、松辽平原和长江中下游、珠江三角洲等河网平原及南方丘陵区。

（五）土壤结构

1. 土壤结构

　　土壤结构一词实际上包含两个方面的含义，一是指各种不同的结构体的形态特性；二是泛指具有调节土壤物理性质的"结构性"。

　　土壤结构体是各级土粒由于不同原因相互团聚成大小、形状和性质不同的土团、土块、土片等土壤实体。土壤结构体实际上是土壤颗粒按照不同的排列方式堆积、复合而形成的土壤团聚体。不同的排列方式往往形成不同的结构体。这些不同形态的结构体在土壤中的存在状况影响土壤的孔隙状况，进而影响土壤的肥力和耕性。

土壤结构性反映了土壤一种重要物理性质的状态，主要指土壤中单粒和复粒（包括各种结构体）的数量、大小、形状、性质及其相互排列、相应的孔隙状况等的综合特性。一般所说的土壤结构的好坏主要是指土壤结构性的好坏。

2. 土壤质地与土壤结构

土壤质地分析主要是对土壤单个土粒的数量和级别的分析，目的是了解土壤颗粒的组成状况，但不能反映土壤颗粒的存在状态。除砂土外，土壤颗粒在自然条件下是聚集在一起以土壤结构的形式表现出来，而土壤质地对土壤生产性状的影响往往也是通过土壤结构表现出来的。土壤颗粒通过不同的堆积方式相互黏结而形成土壤结构。

土壤结构和土壤质地状况有密切的关系，质地过砂或过黏的土壤结构往往不良，土壤质地是土壤很稳定的物理性质，其变化速度非常缓慢，很难大面积地改变土壤的颗粒组成（质地类型），但土壤结构是可通过人为培育进行改良的。

3. 土壤结构体的种类与特性

（1）片状结构体。横轴远大于纵轴呈薄片状的土块，称为片状结构体。在耕作历史较长的水稻土和长期耕深不变的旱地土壤中，由于长期耕作受压，使土粒黏结成坚实紧密的薄土片，成层排列，这就是通常所说的犁底层，犁底层的土壤往往呈片状结构。旱地犁底层过厚，对作物生长不利，影响扎根和上下层水、气、热的交换以及作物对下层养分的利用。而种植水稻的土体中具有一定透水率的犁底层很有必要，它可起到减少水分渗漏和托水保肥的作用。消除旱地犁底层可采取逐年加深耕层的方法。

在旱地表层常出现土壤结皮和板结现象。土壤结皮一般可分为物理结皮和生物结皮两种。前者是土壤细小颗粒在水分、盐分等因素的作用下板结而形成的表层片状硬壳，土壤物理结皮对土壤水分运动有显著的影响；而土壤生物结皮是荒漠、半荒漠地区土壤表面由于苔藓、地衣、地钱、真菌、细菌等的生长而形成的一个复合的生物—土壤表面层状结构。生物结皮一般发生在干旱、半干旱地区的荒漠地带，因此荒漠地区的生物结皮又称为荒漠生物结皮，多出现在固定沙地上，是沙地固定状况的重要标志之一。

结皮经常出现在沙壤土到轻壤土质地的土壤上，一般较薄（1～2mm），一旦表层失水，就会干裂成碎土片且边缘向上翘起。板结多出现在中壤以上的土壤，它是结皮的深化和继续，一般厚度为 3～5mm，也有到几厘米厚度的，干后裂成大口，耕翻成大土块，坚实不易破碎，常压坏幼苗，撕断根系，引起漏风跑墒。土壤结皮可明显降低土壤入渗速率，使地表径流增加，不利于土壤保水；另外，结皮也影响植物出苗，尤其是双子叶植物，如棉花出苗，可导致严重缺苗。消除结皮和板结的办法是适时中耕。

（2）块状结构体。块状结构体属于立方体型。长、宽、高三轴大体相等，边面一般不明显，外形不规则，结构体内部紧实。一般将轴长大于 5cm 的称为大块状结构体，轴长 3～5cm 的称为块状结构体，轴长 0.5～3cm 的称为碎块状结构体。

块状结构体一般出现在有机质含量少，质地黏重的土壤表层，底土和心土层也较常见。表层土壤颗粒多，由于它们相互支撑，形成较大的空洞，加速了土壤水分丢失，漏风跑墒，还会压苗，使幼苗不能顺利出土。

（3）柱状结构体。纵轴大于横轴成直立型，棱角不明显的叫作圆柱状结构体，棱角明显的叫作棱柱状结构体。它们大多出现在黏重的底土层、心土层和柱状碱土的碱化层。这种结构体大小不一，坚硬紧实，内部无效孔隙占优势，外表常有铁铝胶膜包被，根系难以伸入，通气不良，微生物活动微弱。结构体之间常出现大裂缝，造成漏水漏肥。消除办法常采取逐步加深耕层，结合施大量有机肥料的方法进行改良。

（4）团粒结构体。块状、片状、柱状结构体按其性质、作用均属于不良结构体。团粒结构体才是符合农业生产要求的良好土壤结构体。团粒结构体包括团粒和微团粒。

①团粒结构。团粒结构是指在腐殖质等多种因素作用下形成近似球形较疏松多孔的小土团，直径在 0.25～10mm，直径＜0.25mm 的称为微团粒。团粒结构一般在耕层较多。团粒结构数量多少和质量好坏在一定程度上反映了土壤肥力的水平。团粒结构特点：具有一定的大小和性状，直径在 0.25～10mm，为圆球状，具有较高的稳定性。孔隙粗细搭配合理，内部小孔隙多，团粒间大孔隙多。

②微团粒结构。微团粒结构是指直径小于 0.25mm 的土壤团聚体。在水田中微团粒的数量比团粒的数量更重要，越是肥沃的稻田土壤微团粒数量越多。土壤微团粒的测定有助于了解土壤由原生颗粒所形成的微团粒在浸水状况下的结构性能。

（六）土壤形态

1. 土壤形态

土壤形态是认识土壤形成和演化历史的关键，也是土壤发生的基础，是土壤发生发展历史的集中反映。由于土壤发生层整合了土壤发生性质和土壤形成过程信息，因此土壤发生层划分和形态描述决定了土壤剖面描述的准确性和客观性。土壤形态特征是划分土壤发生层的主要依据，也是野外土壤描述的主要内容。

土壤三相相互作用的结果，促进土壤形态分层化，形成若干层次，这些层次一般大致呈水平状态。由成土作用而形成的土层，称为土壤发生层，简称土层。由非成土作用形成的土层叫土壤层次。土壤层次间存在着空间上的联系。因此，研究土壤特性就必须由地表向下做一个垂直切面（通常是挖一个土坑，也可以利用现成切面），观察这些土层（包括母质）的垂直序列，这种垂直切面称为土壤剖面。

2. 土壤剖面

（1）土壤剖面。土壤剖面是一个具体土壤的垂直断面，其深度一般达到基岩或达到地表沉积体的深度。一个完整的土壤剖面应包括土壤形成过程中所产生的发生学层次（发生层）和母质层。土壤发生层是指土壤形成过程中所产生的具有特定性质和组成的、大致与地面相平行的，并具有成土过程特性的层次。作为一个土壤发生层，至少应能被肉眼识别，其不同于相邻的土壤发生层。识别土壤发生层的形态特征一般包括颜色、质地、结构、新生体和紧实度等。

土壤发生层分化越明显，即上下层之间的差别越大，表示土体非均一性越显著，土壤的发育度越高。但许多土壤剖面中发生层之间是逐渐过渡的。有时母质的层次性会残留在土壤剖面中，这种情况应区别对待。

（2）土壤剖面层次。

①淋溶层。淋溶层（A 层）处于土体最上部，故又称为表土层，它包括有机质的积聚层和物质的淋溶层。该层中生物活动最为强烈，进行着有机质的积聚或分解的转化过程。在较湿润的地区，该层内发生着物质的淋溶，故称为淋溶层。它是土壤剖面中最为重要的发生学土层，任何土壤都具有这一土层。在原始植被保存较好的地区，A 层之上还可出现有机质积累层（0 层）。

②淀积层。淀积层（B 层）处于 A 层的下面，是物质淀积作用造成的。

淀积的物质可以来自土体的上部，也可来自下部地下水的上升，可以是黏粒也可以是钙、铁、锰、铝等，淀积的部位可以是土体的中部也可以是土体的下部。一个发育完全的土壤剖面必须具备这一个重要的土层。

③母质层。母质层（C层）处于土体最下部，是没有产生明显成土作用的土层，其组成物质是母质。

3. 土体构型

（1）土体构型。土体构型是各土壤发生层在垂直方向上有规律的组合和有序的排列状况。不同的土壤类型有不同的土体构型，因此土体构型是识别土壤的最重要的特征。

（2）农田土壤的土体构型。

①表土层。表土层也叫腐殖质——淋溶层，可分为上表土层和下表土层。上表土层又称耕作层，为熟化程度较高的土层，肥力、耕性和生产性能最好；下表土层包括犁底层和心土层的最上部分（又称半熟化层）。在森林覆盖地区上表土层有枯枝落叶层。

耕作层因受耕作、施肥、灌溉以及生物和气候条件的影响，有机质含量高、颜色深，土壤比较疏松多孔，干湿交替频繁，温度变化大，通透性良好，物质转化快，含有效态养分多，作物根系分布多，占总根量的50%以上，理化生物性状特别活跃，故称为"活土层"，厚约20cm。

犁底层在耕作层次之下，有机质含量显著降低，颜色较浅，厚10cm左右。经常受耕畜和犁的压力以及通过降水、灌溉随水分渗下，使黏粒沉积而形成的，孔隙度小，非毛管孔隙（大孔隙）少，毛管孔隙（小孔隙）多，通气性差，透水性不良，结构常呈片状，甚至有明显可见的水平层理。此层有托水托肥作用，但会妨碍根系伸展和土体的通透性，影响耕层与心土层之间物质能量的交换传递，对作物的正常生长发育不利，所以破除犁底层增加耕层厚度是深耕改土的重要任务。如能打破犁底层，使耕层加深，对增产将起到显著效果。

②心土层。心土层又称"生土层"，位于表土层与底土层之间，厚度为20～30cm，是由承受表土淋溶下来的物质形成的。通常是指由于物质的移动和淀积，所以表土层和心土层最能反映出土壤形成过程的特点。此层受大气和外界环境条件影响较弱，温度湿度比较稳定，通透性较差，微生物活动微弱，有机质含量极少，物质转化移动都比较缓慢。在耕作土壤中，心土层的结构一般较差，养分含量较低，植物根系少。在进行农田基本建设时，要注意不要把此层翻到表层，以免造成当年减产。该层也会受到一定的犁、畜压力的影响，

从而较紧实，但不像犁底层那样紧实。在耕作土壤中，心土层是起保水保肥作用的重要层次，是生长后期供应水肥的主要层次，在这一层中根系的数量约占根系总量的 20%～30%。旱作土壤的心土层，一般保持着开垦种植前自然土壤淀积层的形态和性状，耕种引起的变化小。

③底土层。底土层也叫母质层，在心土层以下，一般位于土体表面 50～60cm 以下的深度。底土层是土壤中不受耕作影响，保持母质特点的一层，如成土母质为岩石风化碎屑，则底土层中也往往掺杂着这些碎屑物。此层受地表气候的影响很少，但受降水、灌排和水流影响很大，同时也比较紧实，物质转化较为缓慢，可供利用的营养物质较少，根系分布也较少。一般常把此层的土壤称为生土或死土。底土层的性状对整个土体水分的保蓄、渗涌、供应、通气状况、物质转运、土温变化仍有一定程度的影响，有时甚至还很深刻。

（3）水田土壤的土体构型。水田土壤由于长期种稻，受水浸渍，并经历频繁的水旱交替，形成了不同于旱地的剖面形态和土体构型。一般水田土壤可分为耕作层（水耕熟化层）、犁底层、渗育层、水耕淀积层、潜育层（青泥层）、母质层等土层。

（七）土壤肥力和养分

1. 土壤肥力

土壤肥力是反映土壤肥沃性的一个重要指标，它是衡量土壤能够提供作物生长所需的各种养分的能力。土壤肥力是土壤各种基本性质的综合表现，是土壤区别于成土母质和其他自然体的最本质特征，也是土壤作为自然资源和农业生产资料的物质基础。土壤肥力是土壤的基本属性和本质特征，是土壤为植物生长供应和协调养分、水分、空气和热量的能力，是土壤物理、化学和生物学性质的综合反映。四大肥力因素有养分因素、物理因素、化学因素、生物因素。

土壤肥力可分为自然肥力、人工肥力、有效肥力、潜在肥力和经济肥力。自然肥力包括土壤所共有的容易被植物吸收利用的有效肥力和不能被植物直接利用的潜在肥力。人工肥力是指通过种植绿肥和施肥等措施所创造的肥力，其中也包括潜在肥力和有效肥力。经济肥力是通过人工劳动中所进行的各种生产措施的调节，使土壤肥力为植物生长所利用的就是经济肥力。肥沃土壤的标志是：具有良好的土壤性质，丰富的养分含量，良好的土壤透水性和保水性，通畅的土壤通气条件和吸热、保温能力。

2. 土壤养分

（1）土壤养分。土壤养分是指存在于土壤中植物所必需的营养元素，它是土壤肥力的物质基础，也是评价土壤肥力水平的重要内容之一。土壤养分的丰缺程度及其供应强度直接影响作物的生长发育和产量。

（2）土壤养分种类。土壤所含的作物营养元素，主要取决于土壤的化学组成，在土壤的化学组成中，硅、氧、铝、铁4种元素所占比例最大，通常土壤中氧化硅、氧化铝和氧化铁的总和在75%以上，所以称为土壤的骨干成分。硅、氧、铝、铁4种元素在土壤中主要是以复杂的铝硅酸盐的形态存在，多和腐殖质紧密结合在一起，成为土壤胶体的重要组成部分。土壤内，作物所必需的元素氮、磷、钾、钙、镁、硫等在数量上不如前4种元素多，特别是氮和磷，经常感到不足，因而目前施肥的时候多是施用氮肥和磷肥。钾在土壤中含量比较丰富，但存在于成土母质中，不易被作物利用。因此，氮、磷、钾在土壤内的数量和状态对作物的生长影响最为显著。

土壤含有作物生长所需要的营养元素至少有17种之多，它们是碳、氢、氧、氮、磷、钾、硫、钙、镁、铁、铜、锌、硼、锰、钼、镍、氯等。

①大量元素。土壤中能直接或经转化后被植物根系吸收的矿质营养成分。

碳、氢、氧、氮、磷、钾、钙、镁、硫等植物的需要量大，称为大量元素。禾本科植物对硅、甜菜对钠的需要量也较大，大量元素占植物鲜重的0.01%~10%。

②微量元素。铁、锰、硼、锌、铜、钼、氯、镍等的需要量少，占鲜重的0.001%~0.0001%，称为微量元素。此外还需要一些超微量元素。不论大量元素或微量元素，都是植物生长所必需的，彼此不能互相代替。

（3）土壤养分形态。土壤养分按其化学形态可分为有机态和无机态两大类，植物以吸收无机态养分为主，吸收有机态养分较少。按其化学形态也可分为以下4种。

①水溶态养分。土壤溶液中溶解的离子和少量的低分子有机化合物，是最易被植物吸收的有效养分。

②代换态养分。吸附在土壤胶体表面的离子态养分，转变为土壤溶液中溶解态养分后也能被植物吸收。

③矿物态养分。成为土壤矿物状态，大多数是难溶性养分，只有少量是弱酸溶性，对植物有效。

④有机态养分。成为土壤有机化合物状态，经矿化作用后方能被植物

吸收。

（4）迟效养分、速效养分。土壤中各种营养元素的含量称为该元素的土壤全量。土壤向植物提供养分的能力并不直接取决于土壤中养分的储量，而是取决于养分有效性的高低。土壤养分根据植物对营养元素吸收利用的难易程度，分为速效性养分和迟效性养分两种。一种是存在于土壤有机质和矿物质中，非经分解转化不能为植物吸收利用的所谓难溶性养分，也称为迟效性养分；另一种是可溶于水，大多以离子态存在于土壤溶液中，能为植物直接吸收利用的有效性或速效性养分。

迟效养分经转化后方可供应需要，是一种养分贮备形式。一般来说，速效养分仅占很少一部分，不足全量的 1%。速效养分和迟效养分的划分是相对的，二者处于动态平衡。

某种营养元素在土壤中的化学位是决定该元素有效性的主要因素。化学位是一个强度因素，从一定意义上说，它可以用该营养元素在土壤溶液中的浓度或活度表示。由于土壤溶液中各营养元素的浓度均较低，它们被植物吸收以后，必须迅速得到补充，方能使其在土壤溶液中的浓度即强度因素维持在一个必要的水平上。所以，土壤养分的有效性还取决于能进入土壤溶液中的固相养分元素的数量，通常称为容量因素。在实际应用中，养分容量因素常指呈代换态的养分的数量（如代换性钾、代换性磷等）。土壤养分的实际有效性，即实际被植物吸收的养分数量，还受土壤养分到达植物根系表面的状况，包括植物根系对养分的截获、质流和扩散三方面状况影响。

（5）土壤基础养分供应。土壤基础养分供应，即土壤在不施某种养分而其他养分供应充足的条件下，土壤中该种养分的供应能力。土壤基础养分供应可以反映某种养分的基础供应能力，在一定程度上反映了土壤肥力。土壤基础供氮量（INS）通常用不施氮小区的地上部氮素吸收量来表示，不仅包含来自土壤本身有机质矿化的氮素，还包含上季作物施用有机肥料和无机肥料带来的氮素、环境中的氮素、生物和非生物固氮及大气沉降和降水带来的氮素养分。土壤基础供磷量为不施磷但其他养分供应充分的情况下作物地上部的磷吸收量，土壤基础供钾量为不施钾但其他养分供应充分的情况下作物地上部的钾吸收量。

进行推荐施肥就必须讨论产量反应与土壤基础养分供应之间的关系，土壤基础养分供应能力反映了土壤肥力情况，土壤基础养分供应能力越高，不施肥的产量就越高，相应的产量反应就越低，肥料效应就越低。土壤基础养分供应的重要来源之一就是上季养分的残效，在进行推荐施肥时，不仅要考虑土壤肥力，还要考虑上季的残留。

各种土壤测试方法还很难测出土壤对一季作物所能供应养分的绝对数量，土壤有效养分测试值只是表示土壤供肥能力的一个相对值。目标产量法中需肥量计算所用的土壤养分供应量参数不能直接应用在土壤养分测试值上，而必须通过田间试验进行校验，从与农作物产量及吸肥量的关系中求得土壤有效养分利用系数，才能使土壤养分测试值获得定量的意义。

3. 土壤养分的影响因素

自然因素。土壤养分会受到土壤矿物质、土壤有机质、大气降水、坡渗水、地表径流和地下水等的影响。

人为因素。土壤养分会受到耕作制度、灌溉、施肥等影响。

二、土壤样品采集及处理

(一) 采样季节和时间

土壤养分调查，一般要求在前茬作物成熟或收获以后，下茬作物尚未施用底肥，在种植以前，以反映采样地块的真实养分状况和供肥能力。同时也应避开雨季，以防速效氮的淋洗，并便于野外工作。其次，由于土壤养分，特别是有效养分受环境因素影响较大，存在明显的季节性变化，因此开展一个区域的土壤养分调查，采样时间要统一，并力争在一两周之内完成全区采样任务，否则缺乏区间横向可比性，难以对养分状况做出准确判断和评价。

(二) 采样部位和深度

1. 采样部位

我国北方垄作区应在垄上采样，特别是玉米、高粱等作物株距较大，要在两株作物中间。横断垄台按要求深度垂直切取土壤采集土样。

2. 采样深度

一般耕作土壤的耕层厚度大多是在 16～32cm，平均在 20cm 上下。从植物根系入土深度来看，除个别外，一般农作物根系入土深度大多在25～40cm，较少超过 60cm。因此，一般情况下，采样深度可在 0～10cm、10～20cm、20～40cm、40～60cm，共为四层。如遇特殊层次，如明显的犁底层、钙积层等，需要单独采出；再如垄作田块，其垄台和垄沟，需要分别采集或单采垄台，加以注明（表3-1）。

表3-1　作物根系主要分布范围

作物根系	分布深度范围/(cm)	占总根量/(%)
水稻	0～25	90
小麦	0～40	80
大豆	0～40	75
油菜	0～30	90
甘薯	0～25	90
苹果	0～60	80
毛白杨	0～80	78
花椒	20～150	70

（三）土壤采样方法

1. 采样数量

一般采样区的面积小于10亩*时，可取5个点的土壤混合；面积为10～40亩时，可取5～15个点的土壤混合；面积大于40亩时，可取15～20个点的土壤混合。在丘陵山区，一般5～10亩可采一个混合样品；在平原地区，一般30～50亩可采一个混合样品。每个小样点的采土部位、深度、数量应力求一致。采样时要避开沟渠、林带、田埂、路边、旧房基、粪堆底以及微地形高低不平无代表性的地段。

2. 取样方法

（1）五点取样法。从田块四角的两条对角线的交驻点，即田块正中央以及交驻点到四个角的中间点，共5点取样，或者在离田块四边4～10步远的各处，随机选择5个点取样，这是应用最普遍的方法。适宜面积不大、地形平坦、土壤均匀的地块（图3-1）。

（2）对角线取样法。取样点全部落在田块的对角线上，可分为单对角线取样法和双对角线取样法两种。单对角线取样方法是在田块的某条对角线上，按一定的距离选定所需的全部样点。双对角线取样法是在田块四角的两条对角线上均匀分配调查样点取样。两种方法可在一定程度上代替棋盘式取样法，但误

---

* 亩为非法定计量单位，1亩≈667平方米。——编者注

差较大。适用面积不大、地势平坦、肥力均匀的地块（图3-1）。

（3）棋盘式取样法。将所调查的田块均匀地划成许多小区，形如棋盘方格，然后将调查取样点均匀分配在田块的一定区块上。适用中等面积、地势平坦、地形完整，但地力不均匀的地块（图3-1）。

（4）"Z"字形取样法（蛇形取样）。取样的样点分布于田边多，中间少，对于田边发生迁移性害虫多，或田边呈点片不均匀分布时，用此法为宜。适用面积较大、地势不平坦、地形多变的地块（图3-1）。

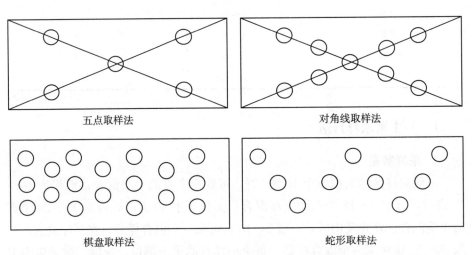

五点取样法　　　　　　　　对角线取样法

棋盘取样法　　　　　　　　蛇形取样法

图3-1　土样采集方法

耕层农化分析土样的田间采样，一般采用人工土钻钻取，采多点混合土样，应根据具体采样地块的形状和大小确定适当的采样路线和方法。长方形地块多用"Z"字形，而近似矩形田块则多用对角线形或棋盘形等采样法，要求既保证样点分布均匀，又使所走距离最短。采样严格掌握小样点的点数及其分布的均匀性。

（四）样品混合

混合样品即每个样品是由若干个相邻近的多个样点的样品混合而成。混合样品采集应注意每个样点深度和数量应尽量一致，混合后不应对研究目的有任何影响。采集的各样点土壤要在田间，用四分法弃去多余部分，最后保留0.5kg，并力争在潮湿状态下用手掰碎并充分混匀，挑出根系、秸秆、石块、虫体等杂物以后，装袋、编号、记录，供土壤养分测定用。如在野外来不及彻底清理，也应在资料整理送验前进行处理。

如果采来的土壤样品数量太多，可用四分法将多余的土壤弃去，一般保留1kg左右的土壤即可。四分法的方法是：将采集的土壤样品弄碎混合并铺成四方形，然后画对角线分成四等份，取其对角的两份，其余两份弃去。如果所得的样品仍然很多，可再用四分法处理，直到达到所需数量为止。

（五）样品前处理

从田间采集来的土样应及时进行登记、整理和风干，以免错漏、丢失和引起样品发霉，性质改变。风干应在清洁、阴凉、通风的房内将土样摊成薄层铺在干净的纸上进行，并经常翻动、捏碎，促进土样干燥。在进行大批量的土壤养分化验时，将土样盛入特制的塑料土盒中，在不超过50℃的干燥箱中烘干，以加速干燥过程，从而防止土样在较长时间的自然风干中，土壤养分产生变化。风干或烘干后的土样应根据化验项目的要求，按化验室常规分析方法进行磨碎过筛处理，分别制备通过孔径为1mm、0.25mm和0.15mm的18号、60号和100号筛的分析土样，装瓶保存供分析用。如有长久保留价值的土样则应放在磨口瓶中保存。

三、土壤养分测定

（一）测定原理

用高锰酸钾将样品中的亚硝态氮氧化为硝态氮后，再用还原铁粉使全部硝态氮还原，在加速剂的参与下，用浓硫酸消煮，经过高温分解反应，将各种含氮化合物转化为铵态氮，碱化后蒸馏出来的氨用硼酸溶液吸收，再用硫酸（或盐酸）标准溶液滴定，求出土壤全氮含量。利用氟化铵—盐酸溶液浸提酸性土壤中的有效磷，利用碳酸氢铵溶液浸提中性和石灰性土壤中的有效磷，所提取出的磷以钼锑抗比色法测定，计算出土壤样品中的有效磷含量。土壤中有机物和各种矿物在高温（720℃）及氢氧化钠的作用下被氧化分解。用盐酸溶液溶解熔块，使钾转化为钾离子。经适当稀释后用火焰光度法或原子吸收分光光度法测定溶液中的钾离子浓度，再换算为土壤中全钾含量。在加热条件下，用过量的重铬酸钾—硫酸溶液氧化土壤有机碳，多余的重铬酸钾用硫酸亚铁铵标准溶液滴定，以样品和空白消耗重铬酸钾的差值计算出有机碳量。将测得的有机碳乘以校正系数1.1，再乘以常数1.724（按土壤有机质平均含碳58%计算），即为土壤的有机质含量。

（二）土壤全氮的测定

1. 测定

不包括硝态氮和亚硝态氮的消煮。称取通过风干的样品 1g（精确到 0.000 1g，含氮约 1mg），将试样送入干燥的消煮管底部（勿将样品黏附在瓶壁上），滴入少量去离子水（0.5～1mL）湿润试样后，加入 2g 加速剂和 5mL 硫酸，轻轻摇匀，在管口加回流装置或放置一弯颈玻璃小漏斗，置于消煮炉中低温加热，待管内反应缓和时（10～15min），再将炉温升至 360～380℃（炉温以温度计放置于消煮炉内实际测量的温度为准），并以 H_2SO_4 蒸汽在瓶颈上部 1/3 处冷凝回流为宜。待消煮液和土粒全部变为灰白稍带绿色后，再继续消煮 1h。消煮完毕，冷却，待蒸馏。

包括硝态氮和亚硝态氮的消煮。称取通过风干的样品 1g（精确到 0.000 1g，含氮约 1mg），将试样送入干燥的消煮管底部（勿将样品黏附在瓶壁上），加 1mL 高锰酸钾溶液，摇动消煮管，缓缓加入 2mL 硫酸溶液，不断转动消煮管，然后放置 5min，再加入 1 滴辛醇。通过长颈漏斗将 0.5g（±0.01g）还原铁粉送入消煮管底部，在管口加回流装置或放置一弯颈玻璃小漏斗，转动消煮管，使铁粉与酸接触，待剧烈反应停止时（约 5min），将消煮管置于消煮炉上缓缓加热 45min（瓶内土液应保持微沸以不引起大量水分丢失为宜）。停止加热，待消煮管冷却后，通过长颈漏斗加入 2g 加速剂和 5mL 硫酸，摇匀。在管口加回流装置或放置一弯颈玻璃小漏斗，置于消煮炉中低温加热，待管内反应缓和时（10～15min），再将炉温升至 360～380℃（炉温以温度计放置于消煮炉内实际测量的温度为准），并以硫酸蒸汽在瓶颈上部 1/3 处冷凝回流为宜。待消煮液和土粒全部变为灰白稍带绿色后，再继续消煮 1h。消煮完毕，冷却，待蒸馏。

同时做空白试验。

参照仪器使用说明书，使用硫酸或盐酸标准滴定溶液，加入水 10～30mL、氢氧化钠溶液 25mL 和硼酸吸收溶液 20～30mL，将消煮管置于自动定氮仪上进行蒸馏、滴定。

2. 计算

土壤样品中全氮（N）含量以质量分数 ω 计，数值以百分数（%）表示，按如下公式计算：

$$\omega = \frac{(V - V_0) \times C_H \times 0.014}{m \times (1 - f)} \times 100$$

式中：C_H——酸标准滴定溶液浓度，mol/L；

V——滴定试样溶液所消耗的酸标准滴定液体积，mL；

V_0——滴定空白试样溶液所消耗的酸标准滴定液体积，mL；

0.014——N 的摩尔质量，kg/mol；

m——风干试样质量，g；

f——试样水分含量，%。

（三）土壤有效磷的测定

1. 测定

（1）酸性土壤样品（pH＜6.5）有效磷的测定。有效磷的浸提。称取风干试样 5g 置于 200mL 塑料瓶中，加入（25±1）℃的氟化铵—盐酸浸提液 50mL，在（25±1）℃条件下，振荡 30min，振荡频率（180±20）r/min。然后立即用无磷滤纸干过滤。同时做空白试验。

标准曲线绘制。分别吸取磷标准溶液 0mL、1.0mL、2.0mL、4.0mL、6.0mL、8.0mL、10.0mL 于 50mL 容量瓶中，加入 10mL 氟化铵—盐酸浸提液，再加入 10mL 硼酸溶液，摇匀，加水至 30mL，再加入二硝基酚指示剂 2 滴，用硫酸溶液或氨水溶液调节溶液刚显微黄色后，加入钼锑抗显色剂 5.0mL，用水定容至刻度，充分摇匀，即得含磷 0mg/L、0.1mg/L、0.2mg/L、0.4mg/L、0.6mg/L、0.8mg/L、1.0mg/L 的磷标准溶液。在室温高于 20℃ 的条件下静置 30min，用 1cm 光径比色皿在波长 700nm 处，以标准溶液的零点调零后进行比色测定，绘制标准曲线。

吸取试样 10.0mL 于 50mL 容量瓶中，再加入 10.0mL 硼酸溶液，摇匀，加水至 30mL，再加入二硝基酚指示剂 2 滴，用硫酸溶液或氨水溶液调节溶液刚显微黄色后，加入钼锑抗显色剂 5.0mL，用水定容至刻度，充分摇匀，在室温高于 20℃ 的条件下静置 30min，用 1cm 光径比色皿在波长 700nm 处，以标准溶液的零点调零后进行比色测定。若测定的磷质量浓度超出标准曲线范围，应用浸提溶液将试样溶液稀释后重新比色测定。同时进行空白溶液的测定。

（2）中性、石灰性土壤样品（pH≥6.5）有效磷的测定。有效磷的浸提。称取风干试样 2.5g 置于 200mL 的塑料瓶中，加入（25±1）℃的碳酸氢钠浸提液 50mL，在（25±1）℃条件下，振荡 30min，振荡频率（180±20）r/min，然后立即用无磷滤纸干过滤。同时做空白试验。

标准曲线绘制。分别吸取磷标准溶液 0mL、0.5mL、1.0mL、2.0mL、3.0mL、4.0mL、5.0mL 于 25mL 容量瓶中，加入 10mL 碳酸氢钠浸提液，钼锑抗显色剂 5.0mL，慢慢摇匀，排出二氧化碳，加水至 25mL 定容，即得含磷 0mg/L、0.1mg/L、0.2mg/L、0.4mg/L、0.6mg/L、0.8mg/L、1.0mg/L 的磷标准溶液。在室温高于 20℃ 的条件下静置 30min，用 1cm 光径比色皿在波长 880nm 处，以标准溶液的零点调零后进行比色测定，绘制标准曲线。

吸取试样 10.0mL 于 50mL 容量瓶中，缓慢加入钼锑抗显色剂 5.0mL，慢慢摇匀，排出二氧化碳，再加入 10mL 水，慢慢摇匀，排出二氧化碳。在室温高于 20℃ 的条件下静置 30min，用 1cm 光径比色皿在波长 880nm 处，以标准溶液的零点调零后进行比色测定。若测定的磷质量浓度超出标准曲线范围，应用浸提溶液将试样溶液稀释后重新比色测定。同时进行空白溶液的测定。

2. 计算

土壤样品中有效磷（P）含量，以质量分数 ω 计，数值以毫克每千克（mg/kg）表示，公式如下：

$$\omega = \frac{(\rho - \rho_0) \times V \times D}{m \times 1\,000} \times 1\,000$$

式中：ρ——从标准曲线求得的显色液中磷的浓度，mg/L；

ρ_0——从标准曲线求得的空白试样中磷的浓度，mg/L；

V——显色液体积，mL；

D——分取倍数，试样浸提体积与分取体积之比；

m——试样质量，g；

1 000——将 mL 换算为 L 和将 g 换算为 kg 的系数。

（四）土壤全钾的测定

1. 测定

称取风干土样 0.2g（精确至 0.000 1g），放入银坩埚中，加 5 滴无水乙醇使土样润湿，加 2g 氢氧化钠使之平铺于土样表面，暂时放入干燥器中，以防吸湿。待样品全部加入氢氧化钠后，将坩埚放入高温炉中，使炉温升至 400℃，关闭电源 15min，以防坩埚内容物溢出。再继续升温至 720℃，保持 15min，关闭高温炉，打开炉门，待温度降至 400℃ 以下后，取出坩埚，稍冷观察熔块，应成淡蓝色或蓝绿色（若显棕黑色，表示分解不完全，应再熔一次）。加入约80℃的去离子水10mL，放置冷却，使熔块分散。转入100mL容量瓶中，用6mol/L盐酸溶液20mL分两次洗涤坩埚，再用去离子水洗涤数次，洗涤液全部转入容量瓶，冷却，再用去离子水定容，混匀。放置澄清，此为土壤熔融液。同时做空白试验。

准确吸取1 000mg/L钾标准溶液10mL于100mL容量瓶中，去离子水稀释定容，混匀，此为100mg/L钾标准溶液。根据钾的线性检测范围，稀释为不少于5种浓度的系列标准液。定容前加入适量试剂空白溶液，使钠离子浓度为1 000mg/L，试剂空白溶液与土壤熔融液等量。按照仪器说明书测定，以钾浓度为零的溶液调节零点。绘制标准曲线，或计算直线回归方程。

吸取一定量的土壤熔融液，用去离子水稀释至钾离子浓度相当于钾系列标准溶液的浓度范围，为土样待测液。按照仪器说明书测定，以钾浓度为零的溶液调节零点。从标准曲线查出或从直线回归方程计算出待测液中钾的浓度。

同时测定土样水分含量。

2. 计算

土壤样品中有全钾（K）含量，以百分数 ω（按烘干土计算）表示，公式如下：

$$\omega = \frac{C \times V_1 \times V_3 \times 100}{m \times V_2 \times (100 - H) \times 10\ 000}$$

式中：C——从标准曲线中查的土样待测液钾含量，mg/L；

V_1——熔解液定容体积，mL；

V_2——熔解液吸取量，mL；

V_3——待测液定容体积，mL；

m——风干试样的质量，g；

10 000——由 mg/L 换算为百分数的系数；

H——风干土水分含量百分数。

（五）土壤有机质的测定

1. 测定

称取风干试样0.05～0.5g（精确到0.000 1g，称样量根据有机质含量范围而定），放入硬质试管中，然后用滴定管准确加入10.0mL的0.4mol/L重铬酸钾—硫酸溶液，摇匀并在每个试管口插入一个玻璃漏斗。将试管逐个插入铁丝笼中，再将铁丝笼沉入已在电炉上加热至 185～190℃ 的油浴锅内，使管中的液面低于油面，要求放入后油浴温度下降至 170～180℃，待试管中的溶液沸腾时开始计时，此刻必须控制电炉温度，不使溶液剧烈沸腾，其间可轻轻提起铁丝笼在油浴锅中晃动几次，以使液温均匀，并维持在 170～180℃，后将铁丝笼从油浴锅中提出，冷却片刻，擦去试管外的油液。把试管内的消煮液及土壤残渣无损地转入 250mL 三角瓶中，用水冲洗试管及小漏斗，洗液一并倒入三角瓶中，使三角瓶内溶液的总体积控制在 50～60mL。

加滴邻菲啰啉指示剂，用硫酸亚铁铵标准溶液滴定剩余的 $K_2Cr_2O_7$，溶液的变色过程是橙黄—蓝绿—棕红。

如果滴定所用的硫酸亚铁铵溶液的毫升数不到下述空白试验所消耗的硫酸亚铁铵溶液毫升数的 1/3，则有氧化不完全的可能，应减少土壤称样量重测。每批分析时，必须同时做 2 个空白试验，即称取大约 0.2g 灼烧过的浮石粉或用土壤代替土样，其他步骤与土样测定相同。

2. 计算

土壤样品中有机质含量，以质量分数 ω 计，数值以克每千克（g/kg）表示，公式如下：

$$\omega = \frac{c \times (V_0 - V) \times 0.003 \times 1.724 \times 1.10}{m} \times 1\,000$$

式中：V_0——空白试验所消耗硫酸亚铁铵标准溶液体积，mL；

V——试样测定所消耗硫酸亚铁铵标准溶液体积，mL；

c——硫酸亚铁铵标准溶液的浓度，mol/L；

0.003——1/4 碳原子的毫摩尔质量，g；

1.724——由有机碳换算成有机质的系数；

1.10——氧化校正系数；

m——风干试样的质量，g；

1 000——将 g 换算成 kg 的系数。

四、兵团各师耕地土壤养分

土壤养分含量根据测算和资料求出平均值，为农田作物种植提供参考，在生产实际中，结合作物种植、轮作、施肥现状，根据植物生长阶段及诊断，施用有机肥、水肥及化肥（表 3 - 2、表 3 - 3）。

表 3-2 兵团各师耕地土壤养分统计表

区 域	有机质 (g/kg)	全氮 (g/kg)	有效磷 (mg/kg)	速效钾 (mg/kg)	缓效钾 (mg/kg)	有效锌 (mg/kg)	有效硼 (mg/kg)	有效铜 (mg/kg)
第一师	10.65	0.746	13.5	157.41	1 260	1.07	2.180	1.91
第二师	12.71	0.890	13.28	156.27	1 216	1.07	1.872	1.72
第三师	11.44	0.801	17.67	179.45	1 260	0.36	2.432	0.79
第四师	14.24	0.997	11.45	134.96	1 229	0.43	2.134	0.61
第五师	16.37	1.146	10.76	177.13	1 188	0.68	2.409	2.36
第六师	12.95	0.907	12.96	168.37	1 209	0.81	2.170	1.24
第七师	10.5	0.735	11.22	177.20	1 156	1.47	2.206	1.85
第八师	14.09	0.986	10.9	160.46	1 188	1.43	1.929	1.28
第九师	19.25	1.348	8.63	157.18	1 207	0.33	2.343	1.01
第十师	18.84	1.319	11.7	189.13	1 246	1.13	1.963	1.77
第十二师	16.04	1.123	10.43	285.01	1 150	1.09	2.978	2.07
第十三师	14.13	0.989	11.21	176.40	1 186	0.90	2.099	1.41
第十四师	4.25	0.298	7.59	151.69	1 199	1.16	2.997	1.91

表 3-3 新疆各地土壤氮磷养分水平下施肥供给养分占比参考值

区 域	养分 类别	全氮 (g/kg)	有效磷 (mg/kg)	N养分 分级	P养分 分级	N供给 占比	P供给 占比
阿克苏地区	N	1.478	—	I	—	35%	—
(第一师)	P	—	20.50	—	Ⅱ	—	45%
库尔勒地区	N	1.555	—	I	—	35%	—
(第二师)	P	—	20.28	—	Ⅱ	—	45%
喀什地区	N	0.724	—	Ⅲ	—	55%	—
(第三师)	P	—	24.67	—	Ⅱ	—	45%
伊犁地区	N	1.153	—	I	—	35%	—
(第四师)	P	—	18.45	—	Ⅲ	—	55%
博乐地区	N	1.071	—	I	—	35%	—
(第五师)	P	—	17.76	—	Ⅲ	—	55%
昌吉地区	N	1.502	—	I	—	35%	—
(第六师)	P	—	19.96	—	Ⅲ	—	55%

（续）

区　域	养分类别	全氮（g/kg）	有效磷（mg/kg）	N养分分级	P养分分级	N供给占比	P供给占比
奎屯地区	N	0.849	—	Ⅱ	—	45%	—
（第七师）	P	—	18.22	—	Ⅲ	—	55%
石河子地区	N	0.447	—	Ⅲ	—	55%	—
（第八师）	P	—	17.9	—	Ⅲ	—	55%
塔城地区	N	1.444	—	Ⅰ	—	35%	—
（第九师）	P	—	15.63	—	Ⅲ	—	55%
阿勒泰地区	N	1.375	—	Ⅰ	—	35%	—
（第十师）	P	—	18.7	—	Ⅲ	—	55%
乌鲁木齐	N	0.552	—	Ⅲ	—	55%	—
（第十二师）	P	—	17.43	—	Ⅲ	—	55%
哈密地区	N	0.819	—	Ⅱ	—	45%	—
（第十三师）	P	—	18.21	—	Ⅲ	—	55%
和田地区	N	0.283	—	Ⅲ	—	55%	—
（第十四师）	P	—	13.32	—	Ⅲ	—	55%
全疆（兵团）	N	1.142	—	Ⅰ	—	35%	—
平均值	P	—	18.79	—	Ⅲ	—	55%

第四章

作物单位产量养分需要量及测定

一 作物概述

（一）作物

1. 植物

植物是生物的一界，包括藻类、地衣、苔藓、蕨类、裸子植物和被子植物等，已知有 30 万余种，遍布自然界。具细胞壁。单细胞植物所有生命功能由一个细胞完成，多细胞植物结构分化、吸收、同化、异化、繁殖由不同的细胞、组织、器官来完成，被子植物由根、茎、叶、花、果实、种子等器官协调完成所有功能。自养的绿色植物，以水、二氧化碳和无机盐等无机物为原料，因光合作用而制造出有机物，并释放出氧。少数异养的非绿色植物可分解现成的有机物，释放二氧化碳和水；有的则属寄生类型。植物是整个生物圈的初级生产者，是自然界能量流动转化和物质循环的必要环节。植物的活动及其产物同人类经济文化生活关系极其密切，如人们的衣、食、住、行、医药和工业原料（纺织、橡胶、造纸、酿造、香料、油脂等），以及保护自然、改造自然（如防沙造林、水土保持、城乡绿化、环境保护）等都离不开植物。

2. 作物

作物是指野生植物经过人类不断的选择、驯化、利用、演化而来的具有经济价值的栽培植物。在地球上的 30 余万种植物中，被人类所利用的植物大致在 2 500～3 000 种以上，为人类所栽培的作物有 2 300 余种，其中粮食作物900 余种、经济作物 1 000 种、饲料、绿肥 400 余种。

（1）广义的作物。广义的作物是指对人类有利用价值并被人类栽培的各种植物，包括各种农作物、蔬菜、果树、绿肥和牧草等。

（2）狭义的作物。狭义的作物主要是指粮食、棉花、薯类、油料、麻类、糖料以及烟草等在大田里栽培，面积较大的栽培植物，即农作物，俗称庄稼。

（二）作物的分类

1. 农作物

按作物用途和植物学系统相结合分类可将农作物分成四大部分、九大类别。

（1）粮食作物（或称食用作物）。

①谷类作物（也叫禾谷类作物）。绝大部分属禾本科。主要作物有小麦、大麦（包括皮大麦和裸大麦）、燕麦（包括皮燕麦和裸燕麦）、黑麦、稻、玉米、谷子、高粱、黍、稷、稗、龙爪稷、蜡烛稗和薏仁等。荞麦属蓼科，其谷粒可供食用，习惯上也将其列入此类。

②豆类作物（或称菽谷类作物）。均属豆科，主要提供植物性蛋白质。常见的作物有大豆、豌豆、绿豆、赤豆、蚕豆、虹豆、菜豆、小扁豆、蔓豆和鹰嘴豆等。

③薯芋类作物（或称根茎类作物）。属于植物学上不同的科、属，主要生产淀粉类食物。常见的有甘薯、马铃薯、木薯、豆薯、山药（薯蓣）、芋、菊芋和蕉藕等。

（2）经济作物（或称工业原料作物）。经济作物又称技术作物、工业原料作物，指具有某种特定经济用途的农作物。广义的经济作物还包括蔬菜、瓜果、花卉、果品等园艺作物。

①纤维作物。其中有种子纤维，如棉花；韧皮纤维，如大麻、亚麻、洋麻、黄麻、苘麻和苎麻等；叶纤维，如龙舌兰麻、蕉麻和菠萝麻等。

②油料作物。常见的有花生、油菜、芝麻、向日葵、蓖麻、苏子和红花等。大豆有时也归于此类。

③糖料作物。南方有甘蔗，北方有甜菜，此外还有甜叶菊、芦粟等。

④其他作物（有些是嗜好作物）。主要有烟草、茶叶、薄荷、咖啡、啤酒花和代代花等，此外还有挥发性油料作物，如香茅草等。

（3）饲料和绿肥作物。饲料和绿肥作物之间，大多在用途上没有严格的界限，常把其归为一类，通称为饲料绿肥作物。豆科中常见的有苜蓿、苕子、紫云英、草木樨、田菁、柽麻、三叶草和沙打旺等；禾本科中常见的有苏丹草、黑麦草和雀麦草等；其他如红萍、水葫芦、水浮莲和水花生等也属此类。

（4）药用作物。主要有三七、天麻、人参、党参、黄连、黄芪、枸杞、白术、甘草、半夏、红花、百合、何首乌、五味子、茯苓、灵芝等。

有些作物可能有几种用途，例如大豆既可食用，又可榨油；亚麻既是纤维作物，种子又是油料；玉米既可食用，又可作青饲青贮饲料；马铃薯既可作粮食，又可作蔬菜；红花的花是药材，其种子是油料。因此，上述分类不是绝对的，同一作物根据需要，有时被划在这一类，有时又被划到另一类。

2. 园艺作物

园艺作物一般指果树、蔬菜、花卉及茶类植物。园艺学分类法是一种人为分类的方法，在园艺作物生产上具有重要的实用价值。农业生物学分类是指按生物学特性、生态适应性、栽培技术、经济利用方式等方面进行综合分类。

（1）果树。果树主要是指能生产食用果实的多年生植物，多为木本，也有少数是草本，如香蕉、菠萝、草莓等，由于其在栽培方法和果实用途等方面与一般木本果树有许多相同之处，所以也归于果树的范畴。果树可分为落叶果树和常绿果树。落叶果树在冬季叶片全部脱落，有明显的休眠期，翌年再次萌芽，我国北方地区露地栽培的果树均属于此类。常绿果树全年叶片常绿，每片叶子在树上可保持2～4年，一般不会集中落叶，我国南方地区栽培的果树大部分属于此类。

①落叶果树。仁果类：苹果、梨、沙果、山楂、木瓜等。果实主要由子房及花托膨大形成。主要食用部位是花托。

核果类：桃、李、杏、梅、樱桃等。果实由子房发育而成。子房外壁形成外果皮，子房中壁形成中果皮，子房内壁形成木质化的内果皮（果核）。可食部分是中果皮和外果皮。

浆果类：葡萄、猕猴桃、草莓、树莓、石榴、无花果、醋栗、穗状醋栗等。果实由子房发育而成，子房外壁形成外果皮，子房内壁发育成柔软多汁的果肉。可食部分主要是中内果皮，外果皮也可食用。草莓、无花果主要食用部分为花托及种子。

坚果类：核桃、山核桃、板栗、榛子、阿月浑子（开心果）、扁桃、银杏等。可食部分为种子。

柿枣类：柿、枣、酸枣、君迁子等。可食部分为果皮。枣的食用部位为中外果皮，柿为中内果皮。

②常绿果树。柑果类：柑橘、甜橙、柠檬、柚、葡萄柚、金柑、金橘等。主要食用部位为内果皮、汁胞。金柑以食用中外果皮为主。

浆果类：阳桃、蒲桃、人心果、番木瓜、番石榴、枇杷、火龙果等。食用部位包括外果皮、中果皮和内果皮。

荔枝类：荔枝、龙眼、番荔枝等。主要食用部位为假种皮。

核果类：橄榄、芒果、杨梅、油梨、榴梿、椰枣、余甘子等。主要食用部分是外果皮，也有的是中果皮和中外果皮。

坚果类：腰果、椰子、槟榔、澳洲坚果、香榧等。多数食用部分为种子、种皮或内含物汁液。

荚果类：酸豆、角豆树、苹婆等。

聚复果类：树菠萝、面包果、番荔枝等。

多年生草本类：香蕉、菠萝等。

（2）蔬菜。蔬菜是指能够生产肉质多汁产品器官的一二年生及多年生草本植物，此外，还包括一些木本植物、真菌和藻类植物。蔬菜类植物有30多科，200余种。我国栽培的蔬菜有100多种，其中普遍栽培的有40～50种。

根菜类：萝卜、胡萝卜、芜菁甘蓝、芜菁、根用芥菜、根用甜菜、根芹菜、牛蒡、菊牛蒡等。以其膨大的直根为食用部分。它们都起源于温带地区，喜温或较冷凉的气候和充足的光照。

白菜类：大白菜、小白菜、菜薹、叶用芥菜、结球甘蓝、球茎甘蓝、花椰菜、甘蓝等。以柔嫩的叶片、叶球、花薹、花球及肉质茎为食用部分。它们大多起源于温带南部，生长期间需要湿润季节及冷凉的气候，为二年生植物，第一年形成产品器官，第二年抽薹开花。

绿叶菜类：莴苣、芹菜、菠菜、茼蒿、苋菜、雍菜、落葵等。以其幼嫩的绿叶、叶柄或嫩茎为食用部分。这类蔬菜在起源和植物学分类上比较复杂，大都植株矮小、生长迅速，对氮肥和水分要求高。

葱蒜类：洋葱、大葱、大蒜、韭菜、细香葱等。多具有辛辣味。

茄果类：茄子、番茄、辣椒等。以果实为食用部分。这类蔬菜起源于热带地区，具有喜温暖不耐寒的习性。

瓜类：黄瓜、南瓜、西瓜、甜瓜、冬瓜、丝瓜、苦瓜、蛇瓜、瓠瓜、菜瓜等。主要是以果实为食用部分。多数为起源于热带的一年生植物。

豆类：菜豆、豇豆、毛豆、刀豆、扁豆、豌豆、蚕豆等。以幼嫩豆荚或种子为食用部分。

薯芋类：马铃薯、山药、芋头、姜等。以地下茎或地下根为食用部分，在生产上均采用营养器官繁殖。

水生菜类：藕、茭白、慈姑、荸荠、菱角、芡实等。这类蔬菜主要生长在有水的环境中，生产上以营养器官繁殖为主。

多年生菜类：竹笋、金针菜、石刁柏、百合、香椿等。这类蔬菜大多起源于温带南部地区，在生产上种植一次可连续收获数年。

食用菌类：蘑菇、草菇、香菇、平菇、金针菇、猴头、黑木耳、银耳、竹荪等。这是一类真菌，其中有的是人工栽培，有的是野生或半野生的。

（3）花卉。花卉是指具有一定观赏价值的草本植物、部分木本植物以及藤本植物。全世界栽培的花卉类植物有 3 000 种以上，我国栽培的也有数百种，但作为商品普遍栽培的有 200 多种。按生态习性分类，分为露地花卉和温室花卉。露地花卉指在露地自然条件下能够完成全部生长发育过程，除了有特殊的需要外，无须在保护设施下越冬的一类花卉。温室花卉大多数原产于热带或亚热带地区，耐寒性较差，在其生长发育过程中，需有一段时间在保护设施（如温室、塑料大棚等）内栽培养护。

①露地花卉。一二年生花卉是在一年或二年生长季内完成生活史的花卉。一年生花卉耐寒性较差，通常春季播种，夏、秋季开花、结实，冬季全株死亡。一年生花卉常见的种类有一串红、鸡冠花、翠菊、百日草、万寿菊、孔雀草、凤仙花、波斯菊等。二年生花卉有一定的耐寒力，但不耐高温。通常夏、秋季播种，当年只进行营养生长，翌年春季或夏初开花、结实，然后全株死亡。二年生花卉常见种类有三色堇、雏菊、金鱼草、虞美人、石竹、桂竹香、美女樱、紫罗兰、羽衣甘蓝、金盏菊等。

宿根花卉：有菊花、芍药、蜀葵、荷兰菊、玉簪、金鸡菊、萱草、荷包牡丹等，指个体寿命超过两年，能连续多年开花、结实的草本花卉。

球根花卉：是多年生植物，但地下部分发生变态而膨大。地下茎变态膨大呈球状的称为球茎类，常见种类有唐菖蒲、小苍兰、番红花等；地下茎由多数肥大鳞片组成，其下部着生于一扁平的鳞茎盘上，称为鳞茎类，常见种类有百合、郁金香、风信子、水仙、贝母等；地下茎膨大，呈不规则块状的为块茎类，常见种类有晚香玉、仙客来、大岩桐、球根秋海棠等；地下茎变态膨大呈根状的，为根茎类，常见种类有美人蕉、鸢尾、射干、六出花等；地下根部变态膨大的称块根类，常见种类有大丽花、花毛茛等。

水生花卉：在水中或湿地上生长的多年生植物。常见种类有荷花、睡莲等。

草坪草及地被植物：草坪草主要是指禾本科或莎草科的多年生低矮植物。常见种类有结缕草、敬芽根、假检草、野牛草、剪股颖、早熟禾、黑麦草、高羊茅等。地被植物是指非禾本科、莎草科的多年生低矮草本植物或少数灌木类植物，这类植物通常具有较强的匍匐性或再生能力，能够较紧密地覆盖在地皮表面。常见种类有红花酢浆草、白三叶、马蹄金、沿阶草、麦冬、多变小冠花、紫花地丁等。

木本花卉：月季、牡丹、玫瑰、蜡梅、梅花、白玉兰、紫薇等。指以观花为主的灌木类小乔木或乔木类植物，这类植物大多是我国的传统名花。

②温室花卉。一二年生花卉：瓜叶菊、报春花、蒲苞花、彩叶草、香豌豆等。

多年生常绿花卉：君子兰、鹤望兰、秋海棠、非洲菊、万年青、竹芋科植物、凤梨科植物、天南星科植物等。

球根花卉：仙客来、朱顶红、马蹄莲、大岩桐、球根秋海棠等。

兰科花卉：指兰科中具有较高观赏价值的植物，因其种类多、习性相近，故独立成一类。兰科花卉通常又分为中国兰花和热带兰花两大类。中国兰花主要是指兰科兰属的植物，大多数为地生，花小，色淡，具香味，如春兰、惠兰、建兰、墨兰、寒兰等。热带兰花多数为附生，花大，色艳，香味淡或不具香味，如卡特兰、万带兰、蝴蝶兰、石斛兰、文心兰等。

蕨类植物：铁线蕨、肾蕨、鹿角蕨、鸟巢蕨、凤尾蕨、波士顿蕨等。

仙人掌及多肉植物：指仙人掌科植物或茎叶肥厚、肉质多浆的植物。常见栽培的有仙人掌科、景天科、番杏科、萝藦科、菊科、百合科、龙舌兰科、大戟科的许多种。常见种类有金琥、昙花、令箭荷花、蟹爪兰、芦荟、伽蓝菜、宝石花、石莲花、燕子掌、龙舌兰、虎皮兰等。

木本花卉：一品红、变叶木、杜鹃花、山茶花、叶子花，以及棕榈科植物和朱蕉属、龙血树属、榕属的植物。

（4）茶。我国现有茶树栽培品种600多个。茶叶的分类主要应依据茶叶的加工原理、加工方法和茶叶的品质特征，同时参考贸易上的习惯。可以将茶叶分为两大部分、十二大茶类。两类是基本茶类和再加工茶类。基本茶类是绿茶、黄茶、黑茶、白茶、青茶、红茶六大茶类。再加工茶类，根据其制品的发展而定，分为花茶、紧压茶、萃取茶、果味茶、药用保健茶、含茶饮料等。

①绿茶。绿茶的品质特点是"清汤绿叶"或"绿叶绿汤"。绿茶因干燥方法不同，又分为炒青、烘青和晒青。炒青绿茶主要包括眉茶、珠茶、龙井茶等。烘青绿茶主产于浙江、江苏、福建、安徽、江西、湖南、湖北、四川、贵州、广西等地。晒青绿茶产于云南、四川、贵州、广西、湖北、陕西中的细茶称细青。散茶加工紧压茶，其成品茶有沱茶、饼茶和生普洱茶等。蒸青绿茶有煎茶、玉露，煎茶产于浙江、安徽、福建，玉露产于恩施、宜兴、当阳三地。

②黄茶。黄茶品质特点是"黄叶黄汤"。黄茶有两个概念，一是茶树品种，茶叶自然发黄，叫黄茶，唐代有"寿州黄芽"。二是炒青过程中闷黄。根据闷黄的时间和茶坯的干湿，黄茶可分为四小类：①杀青后湿坯堆积闷黄的，如台湾黄茶、沩山毛尖和蒙顶黄芽；②揉捻后湿坯堆积闷黄的，如平阳黄汤、北港毛尖；③毛火后茶坯堆积闷黄的，如黄大茶、黄芽、崇安莲芯；④毛火后包藏闷黄的，如君山银针。另外，根据鲜叶的老嫩，黄茶又可分为黄小茶和黄大茶。君山银针、沩山毛尖、平阳黄汤和皖西黄小茶等属于黄小茶，安徽霍山、金寨、六安、岳西和湖北英山所产的黄茶均属于黄大茶。

③黑茶。黑茶品质特点是叶色油黑或褐绿色，汤色褐黄或褐红，其初制工艺主要由杀青、揉捻、渥堆和干燥4个工序组成，往往渥堆后还有次复揉。渥堆为黑茶类的特殊工序，也有的夹有其他工序，如湖北老青茶的"复炒"和四川边茶的"蒸茶"。黑茶产区广阔，产销量大，品种花色很多。黑茶成品茶有湖南的天尖、贡尖、生尖、黑砖、茯砖、花砖和花卷，湖北的青砖茶，广西的六堡茶，四川的南路边茶和西路边茶以及云南的普洱茶和紧压茶。

④白茶。白茶品质特点是白色茸毛多，汤色浅淡或初泡无色。一般制法是经过萎凋、干燥两道工序。白茶按茶树品种不同，分为"大白""小白""水仙白"等。白茶按采摘标准不同，分为"白毫银针""白牡丹""贡眉"和"寿眉"。采自大白茶的肥芽而制成的白茶，称"白毫银针"；采自大白茶或水仙种新梢的小芽1～2叶而制成的白茶，称为"白牡丹"；采自菜茶种的短小芽叶和大白茶的叶片制成的白茶，称为"贡眉"和"寿眉"。

⑤青茶。青茶俗称乌龙茶，是介于红茶、绿茶之间的半发酵茶，兼有红茶的色香和绿茶的醇爽，但无红茶的涩味和绿茶的苦味。其品质特点是叶色青绿或绿叶红镶边，汤色橙黄或金黄，而清香型青茶的汤色为浅绿色。青茶制法讲究、精细，初制工艺主要由萎凋、做青、杀青、揉捻和干燥等工序组成。青茶大部分以茶树品种名称命名，如水仙、乌龙、铁观音、梅占、毛蟹等，青茶亦可用花（桂花、栀子花、玉兰花等）窨制成花茶。茶区分为闽北乌龙、闽南乌龙、广东乌龙、台湾乌龙。

⑥红茶。红茶品质的基本特点是"红叶红汤"。它是六大茶类中生化成分在初制过程中变化最深刻的一种茶类，其初制工艺一般由萎凋、揉捻、发酵和干燥四道基本工序组成。红茶依初制工艺的不同，主要分为红条茶和红碎茶两大类，红条茶又分小种红茶和工夫红茶。小种红茶产于福建省，其特点是带松烟味，萎凋熏蒸的称正山小种（星村小种）；工夫红茶熏蒸的称烟小种（坦洋

小种、政和小种）。工夫红茶初制过程中既不熏蒸也不切细，严格按萎凋、揉捻、发酵和干燥四道工序初制。毛茶精制加工后分叶茶、芽茶和片茶，工夫红茶一般依产地命名，如祁门工夫、白琳工夫、坦洋工夫、台湾工夫、宁州工夫、宜昌工夫、湖南工夫、镇江工夫、越红工夫和政和工夫等。红碎茶的初制与工夫红茶不同的是，其中加了一道揉切或捶击的工序，将茶条或茶叶揉切成颗粒状，红碎茶的毛茶通过精制后分为叶、碎、片、末4种。红碎茶主要用于袋泡茶，红茶亦可窨制成花茶（如玫瑰红茶、茉莉红茶）。另外，还有蒸压红茶（湖北米砖茶）。

（三）植物生长发育的阶段性

1. 生长发育阶段

对于收获生殖器官的栽培植物尤其是草本植物，在其一个完整的生产周期中，按形态特征、生育特点和生理特性，往往可分为三个不同的生长发育阶段，每个阶段又包括不同的生育时期。这些不同的阶段与时期既有各自的特点，又密切联系，对植物产量和品质具有重要影响。

（1）营养生长阶段。此阶段是指从植物生根、增叶、茎节生长至生殖体开始分化形成的一段时间，是植物以营养器官生长为主的阶段。此阶段的长短因植物类型而异，是收获营养器官的植物形成产量的关键时期。

（2）营养生长与生殖生长并进阶段。往往是指生殖体开始分化形成至营养体生长达最大值、生殖体分化完毕的一段时间。本阶段的生育特点是：茎节迅速伸长，叶片增多、增大，根系继续扩展，营养体基本建成，同时生殖体强烈分化，是植物生长发育最旺盛的阶段，也是促进叶片增大、茎秆粗壮，协调营养生长与生殖生长关系，促进生殖体形成，早开花、多结实的重要阶段。

（3）生殖生长阶段。指营养体生长达一定值、生殖体分化完毕至成熟收获的一段时间。营养体根、茎、叶停止生长或生长变缓，并开始进入衰老期，生殖体完成开花、受精从而进入产量形成阶段，是决定以籽粒为收获物的植物产量的关键阶段。

多年生的果树定植后长达几年，才能进行花芽分化，在以后每年一个生产周期中，又可分为以上三个阶段。

2. 主要作物生育期

目前，各种作物的生育时期划分方法尚未完全统一，以下为几种主要作物生育时期的划分。

　　禾谷类：出苗期、分蘖期、拔节期、孕穗期、抽穗期、开花期、成熟期。

　　豆类：出苗期、开花期、结荚期、成熟期。

　　棉花：出苗期、真叶期、现蕾期、开花期、吐絮期。

　　油菜：出苗期、现蕾期、抽薹期、开花期、成熟期。

　　黄红麻：出苗期、真叶期、现蕾期、开花期、结果期、工艺成熟期、种子成熟期。

　　甘薯：出苗期、采苗期、栽插期、还苗期、分枝期、封垄期、落黄期、收获期。

　　马铃薯：出苗期、现蕾期、开花期、结薯期、薯块发育期、成熟期、收获期。

　　甘蔗：发芽期、分蘖期、蔗茎伸长期、工艺成熟期。

　　落叶果树：萌芽期、开花期、新梢生长期、花芽分化期、果实发育期、落叶期和休眠期。根系方面，开始活动期、生长高峰期、生长缓慢期和停止生长期。地上部营养器官方面，芽膨大期、萌芽期、新梢生长期、芽分化形成期和落叶期。地上部生殖器官方面，花芽膨大期、开花期、果实发育期、花芽分化形成期和果实成熟期。

　　常绿果树地下部根系：开始活动期、生长高峰期和生长缓慢期。地上部营养器官：春梢生长期、老叶脱落期、夏梢生长期、秋梢生长期、缓慢生长期、冬梢生长期和芽分化形成期。地上部生殖器官：花芽和花序发育期、开花期、坐果期、生理落果期、果实生长期、果实成熟期和花芽分化形成期。

（四）植物产品及其类型

1. 植物产品类型

　　人们种植植物的目的是获得对人们有益的产品，根据栽培目的而收获的部分植物器官，称为植物的主产品，其他部分则称为副产品。例如，人们种植小麦的目的是获得小麦籽粒，则籽粒是小麦的主产品，而小麦的茎秆则是副产品。根据栽培目的不同，就整个栽培植物而言，每个器官都可能成为主产品，据此可将植物产品分为以下几种类型：

　　（1）籽粒类：麦类、玉米、稻类、花生、油菜、食用豆类、向日葵、蓖麻等。

　　（2）果实类：苹果、桃、梨、杏、枣、山楂、番茄、黄瓜、西瓜、茄子、辣椒等。

（3）茎秆类：甘蔗、麻类、竹笋、茭白、莴苣等。

（4）叶片类：茶叶、叶菜类蔬菜、烟草等。

（5）块根类：甘薯、山药等。

（6）块茎类：马铃薯、菊芋等。

（7）根状茎：生姜、莲藕等。

（8）球状茎：荸荠、慈姑、芋等。

（9）鳞茎类：大蒜、洋葱、百合等。

（10）花器类：花椰菜、金针菜等。

（11）籽粒表皮类：棉花等。

（12）植物体全部：饲料、绿肥植物。

2. 蔬菜产品食用分类

（1）根菜类。肉质根类：萝卜、胡萝卜、芜菁、芜菁甘蓝、根用芥菜、根用甜菜等。

块根类：豆薯、葛等。

（2）茎菜类。嫩茎类：莴苣、茭白、菜薹、石刁柏、竹笋等。

肉质茎类：茎用芥菜、球茎甘蓝等。

根状茎类：藕、姜等。

球茎类：荸荠、慈姑、芋头等。

（3）叶菜类。普通叶菜类：小白菜、芥菜、菠菜、芹菜、苋菜等。

结球叶菜类：结球甘蓝、大白菜、结球莴苣、包心芥菜等。

辛香叶菜类：韭菜、大葱、芫荽、茴香等。

鳞茎菜类：洋葱、大蒜、胡葱、百合等。

（4）花菜类。常见的有花椰菜、金针菜、朝鲜蓟等。

（5）果菜类。瓠果类：南瓜、黄瓜、西瓜、甜瓜、冬瓜、瓠瓜、丝瓜、苦瓜、菜瓜、蛇瓜等。

浆果类：茄子、番茄、辣椒等。

荚果类：菜豆、豇豆、刀豆、毛豆、豌豆、蚕豆、扁豆等。

（五）植物的必需元素

1. 必需元素

一般新鲜植株的含水量在 $75\%\sim95\%$，干物质为 $7\%\sim25\%$。干物质中绝大部分为有机化合物，约占 95%，其中碳水化合物占干物质的 60%，木质素占 25%，蛋白质占 10%，脂肪、蜡质、单宁等占 5%。按元素组成分析，含碳 45%、氧 40%、氢 6%、氮 1.5%、灰分 6.5%左右。

不同种类植物体内的矿质元素含量不同，同一植物的不同组织或器官的矿质元素含量也不同，甚至生长在不同环境条件下的同种植物，或不同年龄的同种植物体内的矿质元素含量也会有所不同。一般水生植物矿质元素含量只有干重的 1%左右，中生植物占干重的 5%～15%，盐生植物最高，有的可达 45%以上。同一土壤条件生长的不同植物，所含矿质元素也不同，如禾本科植物的硅含量较高，十字花科植物富含硫元素，而豆科植物的钙元素含量较高。同一植物不同器官的矿质含量差异也很大，一般木质部约为 1%，种子约为 3%，草本植物茎和根为 4%～5%，叶为 10%～15%。此外植株年龄越大，矿质元素含量越高。

可以检测到 70 余种元素存在于不同的植物体内，但这些元素并不都是植物正常生长发育所必需的，元素的必需性并不取决于植物体内的含量。所谓必需元素就是对植物生长发育必不可少的元素。植物在其生命活动过程中，不断与外界环境进行物质交换。从外界环境进入植物体内的元素可能是植物进行生命活动所必需的，也可能并不具备任何生理功能。

灰分中大量存在的矿质元素不一定是植物所必需的。国际植物营养学会采纳 Arnon 和 Stout（1939）提出的认定植物必需元素的三条标准如下。

（1）缺乏该元素，植物生长发育受阻，不能完成其生活史。

（2）除去该元素，植物会表现出专一的缺素症，这种缺素症可用加入该元素的方法预防或恢复正常。

（3）该元素的生理作用是直接的，而不是由于培养介质的物理、化学或微生物条件改变而引起的间接效果。

2. 必需元素的生理作用

植物体内必需矿质元素的生理作用有以下几个方面。

一是细胞结构物质的组成成分，例如碳、氢、氧、氮、磷、硫等是组成糖类、脂类、蛋白质和核酸等有机物的组分。

二是作为能量转换过程中的电子载体，如铁和铜离子在呼吸和光合电子传递中作为不可或缺的电子载体的作用。

三是作为酶、辅酶的成分或激活剂等，参与或调节酶的催化活性，从而调节植物的生长发育。大量元素和微量元素都有这一功能。

四是起电化学作用，例如某些金属元素能维持细胞的渗透势，影响膜的透性，保持离子浓度的平衡和原生质的稳定以及电荷的中和等，如钾、镁、钙等元素。有些大量元素同时具备上述 2～3 个作用，大多数微量元素只具有酶促功能。

五是作为活细胞的重要渗透物质调节细胞的膨压，如钾离子、氯离子等在细胞渗透压调节中起重要作用。

六是参与能量转换及促进有机物质的运输和分配，如磷、钾、硼等元素。

3. 大量元素、微量元素、有益元素

（1）大量元素。大量元素又称大量营养元素，是指植物需求量较大，含量占植物体干重的 0.1% 或以上的矿质元素，包括碳（C）、氢（H）、氧（O）、氮（N）、磷（P）、钾（K）、钙（Ca）、镁（Mg）和硫（S），共 9 种。

（2）微量元素。微量元素又称微量营养元素，指的是植物需求量很少，含量一般，占植物干重 0.01% 或以下的矿质元素，包括铁（Fe）、锰（Mn）、硼（B）、锌（Zn）、铜（Cu）、钼（Mo）、氯（Cl）、镍（Ni）8 种。如果缺乏该类元素，植物不能正常生长；若稍有过量，对植物反而造成毒害，甚至导致植物死亡。有些元素虽不是所有植物的必需元素，但却是某些植物的必需元素，如硅是禾本科植物的必需元素。

（3）有益元素。有一些元素能促进植物的某些生长发育，被称为有益元素，常见的有钠、硅、钴、硒、钒、稀土元素等。

4. 常量元素

植物的常量元素通常指氮、磷、钾、钙、镁和硫。它们是土壤农化分析的常规分析项目。确定土壤养分的供应状况、诊断作物的营养水平和施肥效应及肥料利用率等，一般都离不开测定其中一种或几种元素，特别是氮、磷和钾三要素的含量。作物对氮、磷、钾需要量较多，土壤往往不能满足作物的需求，需要以肥料的形式加以补充，故称它们为"肥料三要素"。在农产品收获物的品质鉴定工作中，食品和饲料中蛋白质的测定，实际是对其有机氮的测定，而磷、钾、钙等则是营养价值很高的灰分元素。

（六）作物的营养特性

1. 植物营养期

在整个生育过程中，除了萌发期靠种子营养和生育末期根部停止吸收养分外，植物都要通过根系从介质中吸收养分。植物根系从介质中吸收养分的整个时期，就叫植物营养期。植物吸收养分的一般规律是：生长初期吸收的数量、

强度都较低，随着时间的推移，对营养物质的吸收量逐渐增加，到成熟期，又趋于减少。

作物吸收养分具有选择性。不同作物或同一种作物的不同器官，营养元素的含量都有较大差别，这是选择吸收的结果。一般来说，谷类作物需要较多的氮、磷营养，糖料作物和薯类作物需要较多的磷、钾营养，豆科作物因与根瘤菌共生，能利用空气中的氮素，不需大量施用氮肥。

作物吸收养分具有连续性。如果不注意作物吸收养分的连续性，那么作物的生长和产量也会受影响。在施肥实践中，应施足基肥、重视种肥和适时追肥，才能为作物丰产创造良好的营养条件。

2. 植物营养的阶段性

植物从种子萌发到种子形成的整个生育过程中，要经过许多不同的生育阶段。植物在不同生育阶段中对营养元素的种类、数量和比例等都有不同要求，这种特性就叫植物营养的阶段性。

某种营养条件，在作物的某个生育时期可能是正常的，但在另一个时期中可能就不正常。单子叶植物氮素吸收高峰大约在拔节期，开花期吸收量有所减少；而双子叶植物的棉花吸收氮素的高峰约在初花期到盛花期。

3. 作物营养临界期

作物营养临界期是指某种养分缺乏、过多或比例不当对作物生长影响最大的时期。在临界期，作物对某种养分需求的绝对数量虽然不多，但很迫切，若因某种养分缺乏、或过多、或比例不当而受到损失，即使在以后该养分供应正常也很难弥补。各种作物的营养临界期并不完全相同，但多出现在作物生育前期。大多数作物磷素营养的临界期多出现在幼苗期，或种子营养向土壤营养的转折期。冬小麦在分蘖初期，玉米在出苗后一周左右，棉花在出苗后 10～20 天。氮营养临界期出现较晚一些，往往是在营养生长转向生殖生长时期。冬小麦是在分蘖和幼穗分化期，棉花在现蕾初期。钾在体内流动性较大，有被高度再利用的能力，一般不易判断。水稻钾素的临界期在分蘖初期和幼穗形成期。

4. 作物营养最大效率期

作物营养最大效率期是指某种养分能够发挥最大增产效能的时期。在这个时期作物对某种养分的需求量和吸收量都是最多的。这一时期也是作物生长最旺盛的时期，吸收养分的能力很强，如能及时满足作物养分的需求，其增产效果非常显著。玉米氮素营养最大效率期一般在喇叭口期至抽雄初期，小麦在拔节期至抽穗期，棉花在开花结铃期，油菜在花期。

（七）作物的收获

1. 作物收获时期

收获是植物生产的最后一环，收获工作具有很强的季节性和技术性。收获时期是否适当，直接影响植物的产量和质量，也关系到以后的贮存和加工。不同作物产品收获的标准不同，即使同一作物，产品用途不同，收获标准也不相同。

（1）收获种子、果实作物。禾谷类、豆类、花生、油菜、棉花等作物其生理成熟期即为产品成熟期。禾谷作物穗子在植株上部种子成熟期基本一致，可在蜡熟末期到完熟期收获。棉花因棉铃部位不同，成熟不一致，棉铃开裂后才能收获。油菜收获时，全田 70％～80％植株黄熟、角果呈黄绿色，分枝上部尚有部分角果为绿色时，是收获适期。花生一般以荚果饱满，中下部叶脱落，上部叶片轻黄，茎秆变黄色时为收获标准。

（2）薯类作物。甘薯和马铃薯一般以地上部茎叶停止生长并逐渐变黄，地下部贮藏器官基本停止膨大，干物质达最大时，为收获适期。同时还应结合产品用途、气候条件等。甘薯在温度较高条件下收获不易安全贮藏，春马铃薯在高温时收获，芽眼易老化，低于临界温度收获也会降低品质和贮藏性。

（3）以茎叶为产品作物。甘蔗、烟草、麻类等作物的产品为营养器官，其收获期以工艺成熟为收获适期。甘蔗在蔗糖含量最高、还原糖含量最低、蔗汁最纯、品质最优时收获为好，同时结合糖厂开榨时间、品种特性分期砍收。烟叶成熟顺序由下而上逐渐成熟，凡叶片由深绿变为黄绿，厚叶起黄斑，叶面茸毛脱落，有光泽，茎叶角度加大，叶尖下垂，主脉乳白、发亮变脆即为工艺成熟标志。麻类作物以茎中部叶片变黄，下部叶脱落，纤维量高，品质好，易于剥制时为工艺成熟期，也是收获适期。

（4）果品、蔬菜作物。果品、蔬菜采收适期首先取决于产品的成熟度和生长日期，其次还应考虑供应时间及贮藏、运输、加工等不同的要求。蔬菜的生长日期并不是固定不变的，它随品种、气候和栽培管理状况的不同而不同，因此生长日期只可作为确定采收期的参考数据。对绝大多数蔬菜来说，主要应根据各种蔬菜的食用特性，产品的形状、大小、色、香、味以及不同用途加以确定采收期。

2. 园艺作物收获

根据不同的用途，园艺产品的成熟度可分为以下 3 种。

（1）可采成熟度。这时果形大小已基本确定，但果实尚未完全成熟，果实的应有风味还未充分表现出来，肉质硬，适于贮运及特定加工。

（2）食用成熟度。果实完全成熟，品种特有的色、香、味表现最佳，营养价值和化学成分达到极点。可供鲜销，以及作为加工果汁、果酱、果酒的原料，但不宜长途运输和长期贮藏。

（3）生理成熟度。果实在生理方面达到充分成熟，种子充分成熟。但果实的风味与营养价值急剧下降，不宜贮运或食用，一般只作为采种使用。以种子作为食用的种类宜在此时采收。

采收过早，不仅产品的大小和重量达不到标准，且风味、品质和色泽也不好；采收过晚，产品已经成熟衰老，不耐贮藏和运输。在确定园艺产品的采收期时，应根据品种本身的遗传特性、产品采后的用途、采后运输距离的远近、贮藏和销售时间的长短及产品的生理特点和市场需求等综合因素来确定。番茄作为远距离运输或贮藏的果实，应在果实由绿变白时采收；就地销售的，应在半红果时采收；加工用的，可在全红果时采收。草莓鲜食果的果面着红色70%以上即可采收，用于加工果酱、果汁、果冻等的果实以达到充分成熟为好。果实贮藏方法不同，采收成熟度也有异，如气调贮藏用果宜早采，冷藏用果对成熟度要求较高。对一些以幼嫩器官为产品的园艺作物（如黄瓜、茄、甜玉米、菜豆和绿叶菜类），要在鲜嫩且未老化阶段采收。有些园艺产品在完全成熟时采收，耐藏性较好，如块根和块茎类蔬菜。因此采收时期的确定必须综合考虑各方面因素。而采收适期，一般是依据园艺产品贮藏要求的适宜采收成熟度而确定的。

（八）作物的产量

1. 生物产量

生物产量是指作物在生产期间生产和积累有机物质的总量，即全株根、茎、叶、花和果实等干物质总重量。计算生物产量时通常不包括根系（块根作物除外）。在组成作物的全部干物质中，有机物质占90%～95%，矿物质占5%～10%，可见有机物质的生产和积累是形成产量的主要物质基础。

2. 经济产量

经济产量（即一般所指的产量）是指栽培目的所需要的主产品收获量。由于人们栽培目的所需要的主产品不同，它们被利用的部分就不同。例如，禾谷类、豆类和油料作物的主产品是籽粒，薯类作物的主产品是块根或块茎，粮饲兼用作物和绿肥作物则为叶、茎、果、穗、籽实等全部有机物质。

3. 经济系数

作物的经济产量是生物产量的一部分。经济产量占生物产量的比值称为经济系数（也称为收获指数）。

$$经济系数=\frac{经济产量}{生物产量}$$

作物的经济系数越高，说明该作物对有机质的利用率越高，主产品的比例越大，而副产品的比例越小。不同作物的经济系数有很大差别，如薯类作物的经济系数为 70%～80%、小麦为 45%、玉米为 30%～40%、大豆为 30%左右。同一种作物中也因品种、环境条件及栽培技术的不同，其经济系数也有明显的变化。

（九）作物单位产量养分吸收量

1. 作物单位产量养分吸收量

作物每生产一个单位（千克、百千克、吨）经济产量所吸收的养分量为单位产量养分吸收量。可用如下公式计算：

$$单位产量养分吸收量=\frac{作物地上部分所含养分总量}{作物经济产量}\times 应用单位$$

式中：作物地上部分所含养分总量，可以在作物成熟时选取代表性的植株分别测定其茎、叶、籽实的重量及其相应的养分含量，不包含地下根系或落花、落果，因为它们没有被带出土壤，各部分养分数量之和即为地上部分养分总含量。

由于不同作物的生物特性有差异，使得不同作物每形成一定数量的经济产量所需的养分总量是不同的。不同地区、不同产量水平下，作物从土壤中吸收养分的量也有差异。作物单位产量养分吸收量是农田养分循环中养分支出的基本参数之一。通过对正常成熟的农作物全株养分的化学分析，测定各种作物百千克经济产量所需的养分量（常见作物平均百千克经济产量吸收的养分量）即可获得作物需肥量。

2. 百千克作物产量的养分吸收量

全肥区植物吸氮量(kg/亩)＝全肥区植物含氮量(%)×全肥区植物总干重(kg/亩)

全肥区植物吸磷量(kg/亩)＝全肥区植物含磷量(%)×全肥区植物总干重(kg/亩)

全肥区植物吸钾量(kg/亩)＝全肥区植物含钾量(％)×全肥区植物总干重(kg/亩)

$$百千克作物产量的氮吸收量(kg)＝\frac{全肥区植物吸氮量(kg/亩)}{全肥区作物产量(kg/亩)}×100％$$

$$百千克作物产量的磷吸收量(kg)＝\frac{全肥区植物吸磷量(kg/亩)}{全肥区作物产量(kg/亩)}×100％$$

$$百千克作物产量的钾吸收量(kg)＝\frac{全肥区植物吸钾量(kg/亩)}{全肥区作物产量(kg/亩)}×100％$$

3. 影响植物养分吸收的环境因素

在自然条件下，植物生长发育时刻受到土壤和气候条件的影响。光照、温度、通气、酸碱度、养分浓度和养分离子间的相互作用，都直接影响植物对养分的吸收速度和强度。

（1）光照。植物吸收养分是一个耗能过程，其根系吸收养分的数量和强度受地上部往地下部供应的能量所左右。当光照充足时，光合作用强度大，产生的生物能也多，养分吸收的也就多。有些营养元素还可以弥补光照的不足，例如钾肥就有补偿光照不足的作用。光由于会影响蒸腾作用，因而也间接影响到靠蒸腾作用而吸收的养分离子。

（2）温度。植物的生长发育和对养分的吸收都对温度有一定要求。大多数植物根系吸收养分要求的适宜土壤温度为 15～25℃。在 0～30℃范围内，随着温度的升高，根系吸收养分加快，吸收的数量也增加。低温影响阴离子吸收比阳离子明显，可能是由于阴离子的吸收是以主动吸收为主。低温影响植物对磷、钾的吸收比氮明显，所以植物越冬时常须施磷肥，以补偿低温吸收阴离子不足的影响。钾可增强植物的抗寒性，所以越冬植物要多施磷肥、钾肥。

（3）通气。大多数植物吸收养分是一个好氧过程，良好的土壤通气有利植物的有氧呼吸，也有利于养分的吸收。某些植物如水稻、芦苇等，在淹水条件下仍能正常生长，是因为它们的叶部和茎秆有特殊构造，能够吸收氧气并向根部输送以利养分的吸收。

（4）酸碱度。土壤溶液中的酸碱度常影响植物对离子形态养分的吸收和养分在土壤中的有效性。在酸性反应中，植物吸收阴离子多于阳离子；而在碱性反应中，吸收阳离子多于阴离子。如在番茄吸收 NH_4^+-N 和 NO_3^--N 的培养试验证明，在 pH 4.0～7.0 的范围内，培养液的 pH 越低，则对阴离子 NO_3^--N 的吸收增加；反之则阳离子 NH_4^+-N 的吸收增加。首先，土壤溶液中的酸碱度影响土壤养分的有效性。如在石灰性土壤上，土壤 pH 在 7.5 以上，施入的过磷酸钙中的 $H_2PO_4^-$ 离子常受土壤中钙、镁、铁等离子的影响，从而形成难溶性磷化合物，使磷的有效性降低。大多数养分在 pH $6.5\sim7.0$ 时，其有效性最高或接近最高，因此这一范围通常认为是最适 pH 范围。其次，各种植物对土壤溶液酸碱度的敏感性不一样。据研究，大麦对酸性最敏感，金花菜、小麦、大豆、豌豆次之，花生、小米又次之，芝麻、黑麦、荞麦、萝卜、油菜都比较耐酸，马铃薯最耐酸。茶树只宜于在酸性土壤中生长。植物对土壤碱性的敏感性也有类似情况，田菁耐碱性较强，大麦次之，马铃薯不耐碱，而荞麦无论酸、碱都能适应。

（5）水分。水是植物生长发育的必要条件之一，土壤中养分的释放、迁移和植物吸收养分等都和土壤中的水分有密切关系。土壤水分适宜时，养分释放及其迁移速率都高，从而能够提高养分的有效性和肥料中养分的利用率。应用示踪原子研究表明，在生草灰化土上，冬小麦对硝酸钾和硫酸铵中氮的利用率，湿润年份为 $43\%\sim50\%$，干旱年份为 34%。当土壤含水量过高时，一方面稀释土壤中养分的浓度，加速养分流失；另一方面会使土壤下层的氧不足，根系集中生长在表层，不利于吸收深层养分，同时有可能出现局部缺氧而导致有害物质的产生，从而影响植物的正常生长，甚至死亡。

（6）离子间的相互作用。土壤是一个复杂的多相体系，不仅养分浓度影响植物的吸收，而且各种离子之间的相互关系也影响着植物对它们的吸收。从已有的研究结果可知，在离子间的相互关系中，影响植物吸收养分的主要有离子拮抗作用和离子协同作用。这些作用都是对一定的植物和一定的离子浓度而言的，是相对的而不是绝对的。如果浓度超过一定范围，离子协同作用反而会变成离子拮抗作用。所谓离子拮抗作用是指介质中某种离子的存在能抑制植物对另一种离子的吸收或运转作用，这种作用主要表现在阳离子与阳离子之间或阴离子与阴离子之间，如 $K^+-Cs^+-Rb^+$ 的拮抗作用，$NH_4^+-Cs^+$ 也有这种作用，但不及 $K^+-Cs^+-Rb^+$ 那样明显。$Ca^{2+}-Mg^{2+}$ 有抑制作用，如果同时存在 Ca^{2+}、K^+ 则大豆对 Mg^{2+} 的吸收所受的抑制作用就会显著增加。水稻吸收 K^+ 离子能减少对 Fe^{2+} 离子的吸收。一般来讲，一价离子的吸收比二价离子快，而二价离子与一价离子之间的拮抗作用，比一价离子与一价离子之间所表现的要复杂得多。此外，阴离子如 Cl^--Br^- 之间，$H_2PO_4^--NO_3^--Cl^-$ 之间，都存在不同程度的拮抗作用。离子协同作用则是指介质中某种离子的存在能促进植物对另一种离子吸收或运转的作用，这种作用主要表现在阴离子与阳离子之间或阳离子与阳离子之间。阴离子 $H_2PO_4^-$、NO_3^- 和 SO_4^{2-} 均能促进阳离子的吸收，这是由于这些阴离子被吸收后，促进了植物的代谢作用，形成各种有机化合物，如有机酸，故能促使大量阳离子 K^+、Ca^{2+}、Mg^{2+} 等的吸收。阳离子之间的协同作用最典型的是维茨效应。据维茨研究，溶液中 Ca^{2+}、Mg^{2+}、Al^{3+} 等二价和三价离子，特别是 Ca^{2+} 离子，能促进 K^+、Rb^+ 的吸收。值得注意的是，吸收到根内的 Ca^{2+} 离子并无此促进作用。根据这些事实，认为 Ca^{2+} 离子的作用是影响质膜，并非影响代谢，通常这一作用称为"维茨效应"。试验证明，Ca^{2+} 离子不仅能促进 K^+ 离子的吸收，而且还能减少根中阳离子的外渗。氮常能促进磷的吸收，生产上氮磷配合使用，其增产效果常超过单独作用，这正是由于氮磷常有正交互效果所致。

二、作物样品采集及处理

（一）采样要求

植物样品分析的可靠性受样品数量、采集方法及分析部位影响，因此采样时应注意以下几点。

1. 代表性

数据很小的分析样本必须能代表所研究的实物总体。要避免有边际效应或其他原因影响范围内的特殊个体作为样品，例如特大特小或奇异个体均不能作为样品采集。如果某一总体中明显存在几种类型的个体时，一般先划定各类个体的比例，然后按比例取样混合，或作为几个样本处理，如果必须用一个参数作为这个群体描述时，则应以各样点的加权平均值表达。

2. 典型性

针对所要达到的目的，采集能充分说明这一目的的典型样品。这在植物的营养诊断和农产品品质分析中经常会遇到。例如在品质分析中检验产品在生产、运输和储存过程中应分别采集确实未被污染和已证明或被怀疑污染的产品进行分析比较。用均匀样品往往不能明确反映结果。

3. 适时性

对新鲜植物样本进行营养诊断或品质分析的采样及分析必须有一个时间概念。如植物体内的硝态氮、氨基态氮、可溶性磷、水溶性糖、维生素等均容易发生变化，必须用新鲜样品。粮食作物一般在成熟后、收获前采集籽实部分及秸秆；发生偶然污染事故时，在田间完整地采集整株植株样品；水果及其他植株样品可根据研究目的确定采样要求。

4. 防止污染

要防止样品之间及包装容器对样品的污染，特别要注意影响分析成分的污染物质。

（二）样品采集

1. 粮食作物

由于粮食作物生长的不均一性，一般采用多点取样，离开田边 2m，按"梅花"形（适用于采样单元面积小的情况）或"S"形采样法进行采样。在采样区内采取 10 个样点的样品组成一个混合样。采样量根据检测项目而定，籽实样品一般 1kg 左右，装入纸袋或布袋；完整植株样品可以多采集些，约 2kg，用塑料纸包扎好。

2. 棉花样品

棉花样品包括茎秆、空桃壳、叶片、籽棉、脱落物等部分。样株选择和采样方法参照粮食作物。按样区采集籽棉，第一次采摘后将籽棉放在通透性较好的网袋中晾干（或晒干），以后每次收获时均装入网袋中。各次采摘结束后，将同一取样袋中的籽棉作为该采样区籽棉混合样。脱落物包括生长期间掉落的叶片和蕾铃。

3. 油菜样品

油菜样品包括籽粒、角壳、茎秆、叶片等部分。样株选择和采样方法参照粮食作物。鉴于油菜在开花后期开始落叶，至收获期植株上叶片基本全部掉落，叶片的取样应在开花后期，每区采样点不应少于 10 个（每点至少 1 株），需采集油菜植株的全部叶片。

4. 蔬菜样品

蔬菜作物选择产量中等偏上，管理精细，在设施大棚中间连片的 150 株作为定点采样对象。每次打掉的杈、老叶、商品菜、残果、残株需要计入。蔬菜品种繁多，可大致分为叶菜、根菜、瓜果 3 类，按需要确定采样对象。菜地采样可按对角线或"S"形方法布点，采样点不应少于 10 个，采样量根据样本个体大小确定，一般每个点的采样量不少于 1kg。

（1）叶类蔬菜样品。从多个样点采集的叶类蔬菜样品。对于个体较小的样本，如油菜、小白菜等，采样量应不少于 30 株；对于个体较大的样本，如大白菜等，采样量应不少于 5 株。分别装入塑料袋，粘贴标签，扎紧袋口。如需用新鲜样本进行测定，采样时最好连根带土一起挖出，用湿布或塑料袋装好，防止萎蔫。采集根部样品时，在抖落泥土或洗净泥土的过程中应尽量保持根系的完整。按老叶、商品菜、根分解称重。

（2）瓜果类蔬菜样品。果菜类每一个采样点连续采集 150 株，从一开始就需做好醒目标志，每次采摘时必须记好果实总重，同时取样 2～3kg，果实与茎叶分别采取。设施蔬菜地植株取样时，应统一在每行中间取植物样，以保证样品的代表性。对于经常打掉老叶的设施果类蔬菜试验，需要记录老叶的干物质重量；多次采收计产的蔬菜需要计算经济生产批量及最后收获时茎叶的重量，包括打掉的老叶重量。

5. 果树样品

（1）果实样品。进行"X"动态优化施肥试验的果园，要求每个处理都应采样。基础施肥试验面积较大时，在平坦果园可采用对角线法布点采样，由采样区的一角向另一角引一条对角线，在此线上等距离布设采样点；山地果园应按等高线均匀布点，采样点一般不应少于 10 个。对于树型较大的果树，采样时应在果树的上、中、下、内外部的果实着生方位（东南西北）均匀采摘果实。将各点采摘的果品进行充分混合，按四分法缩分，根据检验项目要求，最后分取所需份数，每份 20～30 个果实，分别装入袋内，粘贴标签，扎紧袋口。

（2）叶片样品。一般分为落叶果树和常绿果树采集叶片样品。落叶果树，在 6 月下旬至 7 月初营养性春梢停长、秋梢尚未萌发叶片即叶片养分相对稳定期，采集新梢中部第 7 片至第 9 片成熟正常叶片（完整无病虫叶），分树冠中部外侧的 4 个方位进行；常绿果树，在 8 月至 10 月（即在当年生营养春梢抽出后 4～6 个月）采集叶片，应在树冠中部外侧的 4 个方位采集生长中等的当年生营养春梢顶部向下的第 3 叶（完整无病虫叶）。采样时间一般在上午 8:00 至 10:00 采叶为宜。一个样品采 10 株，样品数量根据叶片大小确定，苹果等大叶一般为 50～100 片；杏、柑橘等一般为 100～200 片；葡萄分叶柄和叶肉两部分，用叶柄进行养分测定。

（三）样品标记

标签内容包括采样序号、采样地点、样品名称、采样人、采集时间和样品处理号等。

（四）采样点调查

采样点调查内容包括作物品种、土壤名称（或当地俗称）、成土母质、地形地势、耕作制度、前茬作物及产量、化肥农药施用情况、灌溉水源、采样点地理位置简图。果树要记载树龄、长势、载果数量等。

（五）植株样品处理与保存

1. 大田作物

粮食籽实样品应及时晒干脱粒，充分混匀后用四分法缩分至所需量。需要洗涤时，注意时间不宜过长并及时烘干。为了防止样品变质、虫咬，需要定期进行风干处理，使用不污染样品的工具将籽实粉碎，用 0.5mm 筛子过筛制成待测样品。带壳类粮食如稻谷应及时去壳制成糙米，再进行粉碎过筛。测定微量元素含量时，不要使用能造成污染的器械。

完整的植株样品先洗干净，用不污染待测元素的工具粉碎样品，充分混匀用四分法缩分至所需量，制成鲜样或于 60℃烘箱中烘干后粉碎备用。

2. 蔬菜

完整的植株样品先洗干净，根据作物生物学特性差异，采用能反映特征的植株部位，用不污染待测元素的工具粉碎样品，充分混匀后用四分法缩分至所需量，制成鲜样或于 85℃烘箱中杀酶 10min 后，保持 65～70℃烘干后粉碎备用。田间所采集的新鲜蔬菜样品若不能马上进行分析测定，应将新鲜样品装入塑料袋，扎紧袋口，放在冰箱冷藏室或进行速冻保存。

3. 果树

完整的植株叶片样品先洗干净，洗涤方法是先将中性洗涤剂配成 1g/L 的水溶液，再将叶片置于其中洗涤 30s，取出后尽快用清水冲掉洗涤剂，再用 2g/L 盐酸溶液洗涤约 30s，然后用二级水洗净。整个操作应在 2min 内完成。叶片洗净后应尽快烘干。一般是将洗净的叶片用滤纸吸去水分，先置于 105℃鼓风干燥箱中杀酶 15～20min，然后保持在 75～80℃条件下恒温烘干。烘干的样品从烘箱取出冷却后，随即放入塑料袋里，用手在袋外轻轻搓碎，然后在玛瑙研钵或玛瑙球磨机或不锈钢粉碎机中磨细（若仅测定大量元素的样品可使用瓷研钵或一般植物粉碎机磨细），用直径 0.25mm（60 目）尼龙筛过筛。干燥磨细的叶片样品，可用磨口玻璃瓶或塑料瓶储存。若需长期保存，则应将密封瓶置于 -5℃以下环境中冷藏。

果实样品测定品质（糖酸比等）时，应及时将果皮洗净并尽快进行测定，若不能马上进行分析测定，应暂时放入冰箱保存。需测定养分的果实样品，洗净果皮后将果实切成小块，充分混匀用四分法缩分至所需的数量后制成匀浆，或仿照叶片干燥、磨细、储存方法进行处理。

三、 植物养分测定

（一）测定原理

样品用硫酸—过氧化氢消化后，将有机氮转化为铵态氮，碱化后蒸馏出来的氨用硼酸溶液吸收，用硫酸或盐酸标准溶液滴定，计算样品中全氮含量。样品用硫酸—过氧化氢消化，使各种形态的磷转变成正磷酸盐，正磷酸盐与钼锑抗显色剂反应，生成磷钼蓝，蓝色溶液的吸光度与含磷量呈正比例关系，用分光光度计测定，计算样品中全磷含量。粉碎样品经硫酸—过氧化氢消化，溶液中钾浓度与发射强度成正比关系，用火焰光度计测定，计算样品中全钾含量。

（二）植株全氮含量测定

1. 测定

称取试样 0.25～0.5g（精确至 0.000 1g），置于消煮管底部（勿将样品黏附在管壁上）。用水将样品浸润，10min 后加入 8mL 硫酸，轻轻摇匀，在管口放置一弯颈小漏斗，静置 2h 以上。在消煮炉内 250℃ 条件下，加热约 10min。当消煮管冒出大量白烟后，再将消煮炉升温至 380℃，至消化溶液呈均匀的棕褐色时取下。稍冷却后逐滴加约 2mL 过氧化氢至消煮管底部，摇匀。再加热至微沸，持续约 10min，取下冷却。再加过氧化氢，继续消煮。如此重复多次，过氧化氢滴入量逐次减少，直至溶液清亮，再加热 30min 以上，以赶尽剩余的过氧化氢。将消煮管取下，冷却至室温后，用少量水冲洗漏斗，洗液流入消煮管。将消煮液转移至 100mL 容量瓶中，冷却后定容、摇匀，干过滤后备测。同时做空白试验。

参照仪器使用说明书，设定氢氧化钠和硼酸吸收溶液加入量。吸取试样溶液 10～20mL，加入自动定氮仪的消煮管中蒸馏后，使用硫酸或盐酸标准滴定溶液进行滴定。

称取试样 2g（精确至 0.001g），置于已知质量的铝盒或称量瓶中，在 (105±2)℃ 条件下的烘箱中烘 2h。取出后立即转入干燥器中冷却至室温，称重，计算水分含量。

2. 计算

植株中全氮（N）含量 ω 以质量分数（g/kg）表示，按下列公式计算：

$$\omega = \frac{c \times (V - V_0) \times 0.014 \times D \times 10^3}{m \times (1-f)}$$

式中：c——硫酸或盐酸标准滴定溶液浓度，mol/L；

V——滴定试样溶液所消耗的硫酸或盐酸标准滴定溶液体积，mL；

V_0——滴定空白试样溶液所消耗的硫酸或盐酸标准滴定溶液体积，mL；

0.014——N 的摩尔质量，kg/mol；

D——分取倍数，定容体积与分取体积之比；

10^3——kg 与 g 的换算系数；

m——试样质量，g；

f——试样水分含量。

（三）植株全磷含量测定

1. 测定

称取试样 0.25～0.5g（精确至 0.000 1g），置于消煮管底部（勿将样品黏附在管壁上）。用水将样品浸润，10min 后加入 8mL 硫酸，轻轻摇匀，在管口放置一弯颈小漏斗，静置 2h 以上。在消煮炉内 250℃条件下，加热约 10min。当消煮管冒出大量白烟后，再将消煮炉升温至 380℃，至消化溶液呈均匀的棕褐色时取下。稍冷却后逐滴加约 2mL 的过氧化氢至消煮管底部，摇匀。再加热至微沸，持续约 10min，取下冷却。再加过氧化氢，继续消煮。如此重复多次，过氧化氢滴入量逐次减少，直至溶液清亮，再加热 30min 以上，以赶尽剩余的过氧化氢。将消煮管取下，冷却至室温后，用少量水冲洗漏斗，洗液流入消煮管。将消煮液转移至 100mL 容量瓶中，冷却后定容、摇匀，用无磷滤纸干过滤后备测。同时做空白试验。

吸取试液 2.0～5.0mL，放入 50mL 容量瓶中，加水至 30mL 左右，加 2滴二硝基酚指示剂，用氢氧化钠溶液或硫酸溶液调节溶液至刚呈微黄色，然后加入 5.0mL 钼锑抗显色剂，定容。在 20℃以上的环境下放置 30min，在分光光度计波长 700nm 处，采用 1cm 光径比色杯，以标准曲线的零点调零后进行比色测定。

准确吸取 0mL、1.0mL、2.0mL、4.0mL、6.0mL、8.0mL、10.0mL 磷标准溶液分别放入 50mL 容量瓶中，加入与试样测定同体积的空白消煮液，加水至约 30mL，加 2滴二硝基酚指示剂，用氢氧化钠或硫酸溶液调节溶液至刚呈

微黄色，然后加入钼锑抗显色剂 5.0mL，用水定容。该系列标准溶液浓度为
0mg/L、0.1mg/L、0.2mg/L、0.4mg/L、0.6mg/L、0.8mg/L 和 1.0mg/L。测
定吸光值后，绘制标准曲线。

称取试样 2g（精确至 0.001g），置于已知质量的铝盒或称量瓶中，于烘箱
中在（105±2）℃条件下烘 2h。取出后，立即转移进干燥器中冷却至室温，称
重，计算水分含量。

2. 计算

植株中全磷（P）含量 ω 以质量分数（g/kg）表示，计算如下：

$$\omega = \frac{(\rho - \rho_0) \times V \times D \times 10^3}{m \times (1 - f)}$$

式中：ρ——从标准曲线求得的显色液中磷的浓度，mg/L；

ρ_0——从标准曲线求得的空白试样中磷的浓度，mg/L；

V——测定体积，mL；

D——分取倍数，定容体积与分取体积之比；

10^3——kg 与 g 的换算系数；

m——试样质量，g；

f——试样水分含量。

（四）植株全钾含量测定

1. 测定

称取试样 0.25～0.5g（精确至 0.000 1g），置于消煮管底部（勿将样品黏
附在管壁上）。用水将样品浸润，10min 后加入 8mL 硫酸，轻轻摇匀，在管口
放置一弯颈小漏斗，静置 2h 以上。在消煮炉内 250℃ 的条件下，加热约
10min。当消煮管冒出大量白烟后，再将消煮炉升温至 380℃，至消化溶液呈
均匀的棕褐色时取下。稍冷却后逐滴加入约 2mL 过氧化氢至消煮管底部，摇
匀。再加热至微沸，持续约 10min，取下冷却。再加过氧化氢，继续消煮。如
此重复多次，过氧化氢滴入量逐次减少，直至溶液清亮，再加热 30min 以上，
以赶尽剩余的过氧化氢。将消煮管取下，冷却至室温后，用少量水冲洗漏斗，
洗液流入消煮管。将消煮液转移至 100mL 容量瓶中，冷却后定容、摇匀，干
过滤后备测。同时做空白试验。

吸取试样溶液 10.0～20.0mL 放入 50mL 容量瓶中，定容。与标准溶液系
列同条件下进行测定。

用移液管分别吸取钾标准溶液 0mL、1.0mL、2.5mL、5.0mL、10.0mL 和 15.0mL，分别置入 50mL 容量瓶中，加入与试样测定同体积的空白消煮液，定容，即得钾含量分别为 0mg/L、2.0mg/L、5.0mg/L、10.0mg/L、20.0mg/L 和 30.0mg/L 的标准溶液。用火焰光度计测定，绘制标准曲线。

水分测定。称取试样 2g（精确至 0.001g），置于已知质量的铝盒或称量瓶中，于烘箱中在（105±2）℃条件下烘 2h。取出后，立即转移入干燥器中冷却至室温，称重，计算水分含量。

2. 计算

植株中全钾（K）含量 ω 以质量分数（g/kg）表示，计算如下：

$$\omega = \frac{(\rho - \rho_0) \times V \times D \times 10^3}{m \times (1 - f)}$$

式中：ρ——从标准曲线求得的显色液中钾的浓度，mg/L；

ρ_0——从标准曲线求得的空白试样中钾的浓度，mg/L；

V——测定体积，mL；

D——分取倍数，定容体积与分取体积之比；

10^3——kg 与 g 的换算系数；

m——试样质量，g；

f——试样水分含量。

四、作物 100kg 收获物所需养分量

作物 100kg 收获物所需养分量根据测算和资料求出平均值，只能作为计算目标产量所需养分总量的参考。因为农作物品种不同、施肥水平不同、产量不同以及耕作栽培和环境条件的差异，形成的养分系数有很大差异（表 4-1）。

表 4-1　主要作物 100kg 收获物需要吸收氮磷量推荐值

作物	100kg 收获物需氮量（kg）	100kg 收获物需磷量（kg）	作物	100kg 收获物需氮量（kg）	100kg 收获物需磷量（kg）
水稻	2.20	0.80	生瓜	0.43	0.06
籼稻	1.60	0.60	苦瓜	0.44	0.06
粳稻	1.80	0.67	丝瓜	0.12	0.08
糯稻	1.85	0.68	白菜	0.15	0.07

（续）

作物	100kg 收获物需氮量（kg）	100kg 收获物需磷量（kg）	作物	100kg 收获物需氮量（kg）	100kg 收获物需磷量（kg）
春小麦	3.00	0.80	甘蓝	0.43	0.21
冬小麦	2.80	0.44	花椰菜	0.93	0.16
大麦	2.23	1.00	菠菜	0.36	0.08
燕麦	3.00	1.00	芥菜	0.54	0.06
饲用燕麦	2.50	0.80	芹菜	0.16	0.04
春玉米	3.33	0.63	生菜	0.22	0.70
夏玉米	2.60	0.39	青菜	0.67	0.01
制种玉米	2.65	0.49	苋菜	0.63	0.08
谷子	3.80	0.44	紫角叶	0.43	0.06
高粱	2.29	0.61	蚕豆	2.40	1.18
荞麦	3.30	1.50	豇豆	0.41	0.23
粟	1.50	0.19	萝卜	0.28	0.06
青稞	2.14	0.65	小萝卜	0.20	0.03
大豆	7.20	0.75	胡萝卜	0.43	0.08
油菜	5.80	1.09	洋葱	0.27	0.05
食用向日葵	6.62	0.58	大葱	0.19	0.04
油用向日葵	7.44	0.81	大蒜	0.82	0.15
花生	7.19	0.89	生姜	0.63	0.03
芝麻	8.23	0.90	韭菜	0.55	0.09
甘薯	0.35	0.08	芦笋	0.17	0.02
马铃薯	0.50	0.09	茭白	1.70	0.37
红薯	0.45	1.22	葡萄	0.74	0.51
山药	0.05	0.03	葡萄（赤霞飞）	0.60	0.30
芋	0.81	1.77	葡萄（玫瑰露）	0.60	0.13
木薯	1.58	0.17	苹果	0.30	0.08
棉花（皮棉）	12.50	3.00	苹果（国光）	0.30	0.04
棉花（籽棉）	5.00	1.10	梨	0.47	0.23
茶叶	6.40	0.88	桃（早熟）	0.21	0.01
甘蔗	0.60	0.11	桃（中晚熟）	0.22	0.02
糖用甜菜	0.40	0.15	桃	0.21	0.03
饲料甜菜	0.15	0.05	红枣（干）	2.20	0.22

（续）

作物	100kg 收获物需氮量（kg）	100kg 收获物需磷量（kg）	作物	100kg 收获物需氮量（kg）	100kg 收获物需磷量（kg）
食用甜菜	0.50	0.10	核桃	1.47	0.08
打瓜	22.92	3.64	杏	1.42	0.71
豌豆	5.39	4.30	柿子	0.59	0.06
绿豆	3.77	7.50	猕猴桃	0.72	0.10
红小豆	4.90	3.10	香蕉	0.73	0.22
芸豆	6.67	2.16	柑橘	0.60	0.11
架芸豆（鲜）	0.81	0.10	桉树	3.30	3.30
鹰嘴豆	1.87	0.32	杨树	2.50	2.50
苜蓿	0.20	0.20	甘草	5.30	2.31
青贮玉米	0.18	0.08	枸杞	2.25	0.46
西瓜	0.56	0.15	啤酒花	16.00	3.49
甜瓜	0.35	0.07	蓖麻	6.70	0.74
哈密瓜	0.19	0.03	麻类	3.50	0.37
草莓	0.21	0.05	亚麻	0.97	0.22
加工番茄	0.25	0.03	黄麻秆	2.00	0.35
番茄	0.33	0.10	桑蚕茧	1.00	0.90
菜椒	0.51	0.11	桑叶	1.90	0.34
辣椒	0.41	0.04	烤烟（鲜）	0.06	0.53
茄子	0.34	0.10	晒烟（鲜）	0.29	0.04
黄瓜	0.28	0.09	晾烟（干）	3.85	0.53
南瓜	0.48	0.07			
冬瓜	0.44	0.18			

注：人工林地的养分需求量单位为 kg/m^3。

第五章

畜禽粪便土地承载力测算方法

一、信息收集

（一）种植信息收集

应收集的信息包括：

①主要农作物种类、种植制度、种植面积和产量；

②人工草地或人工林地类型、面积和产量；

③种植用地的土壤质地、土壤中氮磷含量等特性参数；

④边界内主要植物的氮磷施用量。

（二）养殖信息收集

应收集的信息包括：

①畜禽种类及其存栏量、出栏量；

②畜禽粪便的清粪方式及占比；

③畜禽粪便的处理方式及占比。

二、测算方法

（一）区域畜禽粪便土地承载力测算

1. 植物养分需求量

根据获得的信息，计算边界内植物总氮（磷）养分需求量 $NU_{r,n}$，单位为千克每年（kg/年），按公式（1）计算。

$$NU_{r,n} = \sum (P_{r,i} \times Q_i \times 10) + \sum (A_{t,j} \times AA_{t,j} \times Q_j) \quad (1)$$

式中：$P_{r,i}$——边界内第 i 种作物（或人工牧草）总产量的数值，t/年；

Q_i——边界内第 i 种作物形成 100kg 产量所需要吸收的氮（磷）养分量的数值，kg/100kg（主要植物生长养分需求量推荐值见第四章表 4-1）；

    10——换算系数，将 kg/100kg 换算为 kg/t；

    $A_{t,j}$——边界内第 j 种人工林地总种植面积的数值，hm^2；

    $AA_{t,j}$——边界内第 j 种人工林地单位面积年生长量的数值，$m^3/$（年·hm^2），林地单位面积年生长量见表 5-4 和表 5-5；

    Q_j——边界内第 j 种人工林地的单位体积生长量所需要吸收的氮（磷）养分量的数值，kg/m^3；主要人工林地生长养分需求量推荐值见第四章表 4-1。

2. 粪便养分可施用量

粪便氮（磷）养分可施用量以 $NU_{r,m}$ 表示，单位为千克每年（kg/年），按公式（2）计算。

$$NU_{r,m} = \frac{NU_{r,m} \times FP \times MP}{MR} \tag{2}$$

式中：$NU_{r,m}$——边界内植物氮（磷）养分需求量的数值，kg/年；

    FP——作物总养分需求中施肥供给养分占比，%；不同地区可参考第三章表 3-3；有条件地区土壤肥力自测按 NY/T 1121.7 与 NY/T 1121.24 标准执行，再参考表 5-1，确定作物总养分需求中施肥供给养分占比；

    MP——畜禽粪便养分可施用量占施肥养分总量的比例，%；该值根据当地实际情况确定，推荐值为 50%～100%；

    MR——粪便当季利用率，%；粪便氮素单季利用率取值范围推荐为 25%～30%，磷素单季利用率推荐为 30%～35%。

3. 畜禽粪便养分总量

根据收集的信息，计算畜禽粪便总氮（磷）养分供给量 $Q_{r,p}$，单位为吨每年（t/年），按公式（3）计算。

$$Q_{r,p} = \sum AP_{r,i} \times MP_{r,i} \times 365 \times 10^{-6} \tag{3}$$

式中：$Q_{r,p}$——边界内第 i 种动物年均存栏量的数值，头或只；

    $AP_{r,i}$——第 i 种动物粪便中氮（磷）日排泄量，g/（天·头或只）；主要畜禽氮（磷）排泄量推荐值见第二章表 2-1；

    365——一年的天数，天/年；

    10^{-6}——单位换算值，t/g。

4. 畜禽粪便养分可收集量

畜禽粪便氮（磷）养分可收集量以 $Q_{r,C}$ 表示，单位为吨每年（t/年），单个畜种的粪便养分可收集量按公式（4）计算，边界内所有畜种的粪便养分可收集量按公式（5）计算。

$$Q_{r,C,i} = \sum Q_{r,p,i} \times PC_{i,j} \times PL_j \tag{4}$$

$$Q_{r,C} = \sum Q_{r,C,i} \tag{5}$$

式中：$Q_{r,C,i}$——边界内第 i 种畜禽粪便养分可收集量的数值，t/年；

$Q_{r,p,i}$——边界内第 i 种畜禽粪便养分产生量的数值，t/年；

$PC_{i,j}$——边界内第 i 种动物在第 j 种清粪方式所占的比例，%；该比例根据调研实际获得；

PL_j——第 j 种清粪方式氮（磷）养分收集率，%；主要清粪方式粪便养分收集率推荐值见表 5-2。

5. 畜禽粪便养分可供给量

畜禽粪便氮（磷）养分可供给量以 $Q_{r,Tr}$ 表示，单位为吨每年（t/年），单个畜种的粪便养分可供给量按公式（6）计算，边界内所有畜种的粪便养分可供给量按公式（7）计算。

$$\sum Q_{r,Tr,i} = \sum Q_{r,C,i} \times PT_{i,k} \times PL_k \tag{6}$$

$$Q_{r,Tr} = \sum Q_{r,Tr,i} \tag{7}$$

式中：$\sum Q_{r,Tr,i}$——边界第 i 种畜禽粪便处理后养分可供给量的数值，t/年；

$\sum Q_{r,C,i}$——边界第 i 种畜禽粪便养分可收集量的数值，t/年；

$PT_{i,k}$——边界第 i 种畜禽的粪便在第 k 种处理方式所占的比例，%；该比例根据调研实际获得；

PL_k——第 k 种粪便处理方式下，氮（磷）养分留存率，%；主要粪便处理方式氮（磷）养分留存率推荐值见表 5-3。

6. 猪当量粪便养分可供给量

猪当量粪便养分可供给量以 $NS_{r,a}$ 表示，单位为千克每猪当量每年 [kg/（猪当量·年）]，按公式（8）计算。

$$NS_{r,a} = \frac{Q_{r,Tr} \times 1\,000}{A} \tag{8}$$

式中：$Q_{r,Tr}$——边界内畜禽粪便养分可供给量的数值，t/年；

　　　1 000——单位换算值，kg/t；

　　　　A——边界内饲养的各种畜禽折算成猪当量的饲养总量，单位为
　　　　　　猪当量，按式（9）计算。

$$A = \sum AP_{r,i} \times MP_{r,i} \div MP_{r,p} \tag{9}$$

式中：$AP_{r,i}$——边界内第 i 种畜禽年均存栏量的数值，头或只；

　　　$MP_{r,i}$——第 i 种畜禽粪便中氮（磷）日排泄量的数值，g/（天·头
　　　　　　　或只）；

　　　$MP_{r,p}$——猪排泄粪便中氮（磷）的日产生量的数值，g/（天·头）。

7. 区域畜禽粪便土地承载力

区域畜禽粪便土地承载力以 R 表示，单位为猪当量，按公式（10）计算。

$$R = \frac{NU_{r,m}}{NS_{r,a}} \tag{10}$$

式中：$NU_{r,m}$——粪便养分可施用量的数值，kg/年；

　　　$NS_{r,a}$——猪当量粪便养分可供给量的数值，kg/（猪当量·年）。

8. 区域畜禽粪便土地承载力比较

基于计算获得区域的实际养殖量（A）和区域畜禽粪便土地承载力（R）进行比较，当 $R>A$ 时，表明该区域畜禽养殖不超载，反之超载，需要调减养殖量。

（二）畜禽规模养殖场配套土地面积测算

1. 畜禽粪便养分产生量

根据收集的信息计算规模化养殖场粪便养分产生量，以 $Q_{r,p}$ 表示，单位为吨每年（t/年），按公式（3）计算。

2. 畜禽粪便养分可收集量

规模化养殖场粪便养分可收集量以 $Q_{r,C,i}$ 表示，单位为吨每年（t/年），按公式（4）计算。

3. 畜禽粪便养分可供给量

规模化养殖场畜禽粪便养分可供给量以 $Q_{r,Tr,i}$ 表示，单位为吨每年（t/年），按公式（6）计算。

4. 畜禽粪便养分就地利用量

规模化养殖场粪便养分就地利用量以 $Q_{r,u,i}$ 表示，单位为吨每年（t/年），

按公式（11）计算。

$$Q_{r,u,i} = Q_{r,Tr,i} \times PU_i \qquad (11)$$

式中：$Q_{r,Tr,i}$——规模养殖场内第 i 种畜禽粪便养分可供给量的数值，
　　　　　　t/年；

　　　　PU_i——规模养殖场内畜禽粪便就地利用比例，%；根据养殖场实
　　　　　　际情况确定。

5. 单位土地植物养分需求量

根据获得的信息，计算规模养殖场边界内单位土地在一个年度内种植的植
物总氮（磷）养分需求量 $NA_{r,n}$，单位为千克每年每公顷 [kg/(年·hm²)]，
作物和人工牧草按公式（12）计算，人工林地按公式（13）计算。

$$NA_{r,n} = \sum (AP_{r,i} \times Q_i \times 10) \qquad (12)$$

$$NA_{r,n} = \sum (AA_{t,j} \times Q_j) \qquad (13)$$

式中：$AP_{r,i}$——边界内第 i 种作物（或人工牧草）单位面积产量的数值，
　　　　　　t/(年·hm²)，主要作物和人工牧草单位面积产量推荐值
　　　　　　见表 5-4 和表 5-5；

　　　　Q_i——边界内第 i 种作物形成 100kg 产量吸收的氮（磷）养分量
　　　　　　的数值，kg/100kg；

　　　　10——换算系数，将 kg/100kg 换算为 kg/t；

　　　　$AA_{t,j}$——边界内第 j 种人工林地单位面积年生长量的数值，
　　　　　　m³/(年·hm²)；

　　　　Q_j——边界内第 j 种人工林地单位体积的生长量所需要吸收的
　　　　　　氮（磷）养分量的数值，kg/m³。

6. 单位土地粪便养分可施用量

单位土地植物粪便养分可施用量以 $NA_{r,m}$ 表示，单位为千克每年每公顷
[kg/(年·hm²)]，按公式（14）计算。

$$NA_{r,m} = \frac{NA_{r,n} \times FP \times MP}{MR} \qquad (14)$$

式中：$NA_{r,n}$——边界内单位土地植物氮（磷）养分需求量的数值，
　　　　　　kg/(年·hm²)；

　　　　FP——作物总养分需求中施肥供给养分占比，%；不同地区可参
　　　　　　考第三章表 3-3；有条件地区土壤肥力自测按 NY/T

1121.7 与 NY/T 1121.24 标准执行，再参考表 5 - 1，确定作物总养分需求中施肥供给养分占比；

MP——畜禽粪便养分可施用量占施肥养分总量的比例，%；该值根据当地实际情况确定，推荐值为 50%～100%；

MR——粪便当季利用率，%；粪便氮素当季利用率取值范围推荐值为 25%～30%，磷素当季利用率推荐值为30%～35%。

7. 养殖场配套土地面积

养殖场配套土地面积以 A_r 表示，单位为公顷（hm²），按公式（15）计算。

$$A_r = \frac{Q_{r,u,i} \times 1\ 000}{NA_{r,m}} \tag{15}$$

式中：$Q_{r,u,i}$——边界内第 i 种畜禽粪便养分就地利用量，t/年；

1 000——单位换算值，kg/t；

$NA_{r,m}$——边界内单位耕地植物氮（磷）粪便养分可施用量，kg/（年·hm²）。

三、典型条件下不同作物土地承载力推荐值

畜禽粪便作为粪肥施用受植物类型、产量、种植制度和土壤养分含量等诸多因素影响，土地承载力存在一定的变化范围，典型条件下以氮或磷为养分测算的单位面积单季植物在不同产量范围的土地承载力推荐值范围见表 5 - 4 和表 5 - 5。

四、相关参数推荐值

1. 主要作物 100kg 收获物需要吸收氮磷量推荐值

主要作物 100kg 收获物需要吸收氮磷量推荐值见第四章表 4 - 1。

2. 土壤不同氮磷养分水平下施肥供给养分占比推荐值

土壤不同氮磷养分水平下施肥供给养分占比推荐值见表 5 - 1。

表 5-1　土壤不同氮磷养分水平下施肥供给养分占比推荐值

土壤氮磷养分分级		Ⅰ	Ⅱ	Ⅲ
土壤全氮含量（g/kg）	旱地（大田作物）	>1.0	0.8～1.0	<0.8
	水田	>1.2	1.0～1.2	<1.0
	菜地	>1.2	1.0～1.2	<1.0
	果园	>1.0	0.8～1.0	<0.8
土壤有效磷含量（mg/kg）		>40	20～40	<20
施肥供给占比（%）		35	45	55

3. 新疆各地土壤氮磷养分水平下施肥供给养分占比参考值

新疆各地土壤氮磷养分水平下施肥供给养分占比参考值见第三章表 3-3。

4. 不同畜禽氮磷日排泄量推荐值

不同畜禽氮磷日排泄量推荐值见第二章表 2-1。

5. 畜禽粪便处理养分收集率

畜禽粪便处理养分收集率见表 5-2。

表 5-2　主要清粪方式粪便养分收集率推荐值

粪便收集工艺	氮收集率	磷收集率
干清粪	88%	95%
水冲粪	87%	95%
水泡粪	89%	95%
垫料	84.5%	95%

6. 畜禽粪便处理养分留存率

畜禽粪便处理养分留存率见表 5-3。

表 5-3　主要粪便处理方式养分留存率推荐值

粪便处理方式	氮留存率	磷留存率
堆肥	68.5%	76.5%
固体贮存	63.5%	80%
厌氧发酵	95%	75%
氧化塘	75%	75%
沼液贮存	75%	90%

7. 以氮为基础的单位面积畜禽粪便土地承载力推荐值

以氮为基础的单位面积畜禽粪便土地承载力推荐值见表 5-4。

表 5-4 以氮为基础的单位面积畜禽粪便土地承载力推荐值

作物种类	收获物说明	产量水平（t/hm²）	单位面积土地承载力（猪当量/hm²）	
			粪便全部利用	固体粪便堆肥外供＋肥水就地利用
大田作物	水稻 籽粒	4.5～10.5	12.4～28.9	25.9～60.4
	小麦 籽粒	4.5～9.0	18.0～36.0	34.5～69.0
	玉米 籽粒	6.0～10.5	18.0～31.5	36.0～63.0
	谷子 籽粒	3.0～6.0	15.0～30.0	29.0～58.0
	高粱 籽粒	5.6～13.2	14.0～33.1	27.8～65.8
	大麦 籽粒	2.7～10.5	6.6～25.7	13.2～51.2
	马铃薯 鲜块根	15.0～30.0	10.1～20.3	19.1～38.3
	棉花 皮棉	1.8～3.3	27.0～49.5	54.0～99.0
	大豆 豆粒	2.3～3.8	21.9～36.1	42.6～70.3
	绿豆 豆粒	1.8～4.2	7.5～17.4	14.8～34.7
果树	苹果 鲜果	30.0～75.0	12.0～30.0	22.5～56.3
	梨 鲜果	5.0～30.5	3.0～18.3	6.0～36.6
	葡萄 鲜果	10.0～45.0	9.6～43.2	19.2～86.4
	桃 鲜果	20.0～60.0	5.0～15.0	11.0～33.0
	杏 鲜果	4.8～11.3	7.5～17.5	14.8～34.9
	红枣 干果	5.0～11.7	12.1～28.2	24.0～56.2
	核桃 干果	2.3～6.0	3.7～9.6	7.3～19.0
蔬菜瓜果	番茄 鲜果	50.0～200.0	21.0～84.0	42.0～168.0
	工业用番茄 鲜果	69.9～163.1	18.9～44.1	37.6～87.8
	辣椒 鲜果	26.1～61.0	11.8～27.5	23.4～54.8
	黄瓜 鲜重	40.0～200.0	14.4～72.0	28.8～144.0
	青椒 鲜重	30.0～60.0	20.0～40.0	39.0～78.0
	茄子 鲜重	45.0～120.0	20.0～53.0	39.0～104.0
	大白菜 鲜重	80.0～150.0	16.0～30.0	30.7～57.5
	萝卜 鲜重	25.0～75.0	9.2～27.5	18.3～55.0
	大葱 葱头	45.0～65.0	11.0～16.0	22.1～31.9
	西瓜 鲜重	43.2～101.8	26.6～62.6	52.9～124.6
	甜瓜 鲜重	22.4～52.3	8.6～20.1	17.1～39.9

（续）

作物种类		收获物说明	产量水平 (t/hm²)	单位面积土地承载力（猪当量/hm²）	
				粪便全部利用	固体粪便堆肥外供＋肥水就地利用
经济作物	花生	荚果	3.9～12.5	30.7～98.3	61.0～195.6
	油菜籽	籽粒	1.6～3.8	10.2～24.2	20.3～48.1
	芝麻	籽粒	0.7～3.7	6.3～33.3	12.5～66.2
	胡麻	籽粒	1.1～2.5	4.2～9.6	8.4～19.0
	向日葵籽	籽粒	1.9～4.5	13.8～32.6	27.4～64.8
	甜菜	鲜块根	6.4～73.4	3.9～45.1	7.9～90.2
	枸杞	干果	2.5～5.9	6.2～14.6	12.3～29.0
	打瓜籽	籽粒	1.3～3.1	32.7～77.9	65.0～155.1
	烟叶	干重	1.1～4.6	5.3～22.1	10.6～44.2
人工草地	苜蓿	干重	5.0～20.0	1.1～4.5	2.6～10.5
	青贮玉米	鲜重	48.4～113.0	9.6～22.3	19.0～44.3
	饲用燕麦	籽粒	4.0～10.0	30.0～75.0	60.0～150.0
人工林地	杨树	木材	12.0～20.0	15.0～25.0	30.0～50.0

注：表中所列单位面积土地承载力值为当季作物的推荐值。

a：杨树等人工林地的产量水平单位为立方米每公顷每年［m³/(hm²·年)］；

b：以土壤氮养分水平Ⅱ级、粪肥施用比例 MP50％、粪便氮当季利用率 MR25％为基础计算。

8. 以磷为基础的单位面积畜禽粪便土地承载力推荐值

以磷为基础的单位面积畜禽粪便土地承载力推荐值见表 5-5。

表 5-5　以磷为基础的单位面积畜禽粪便土地承载力推荐值

作物种类		收获物说明	产量水平 (t/hm²)	单位面积土地承载力（猪当量/hm²）	
				粪便全部利用	固体粪便堆肥外供＋肥水就地利用
大田作物	水稻	籽粒	4.5～10.5	22.5～52.5	56.3～131.3
	小麦	籽粒	4.5～9.0	28.5～57.0	70.5～141.0
	玉米	籽粒	6.0～10.5	12.0～21.0	28.5～49.9
	谷子	籽粒	3.0～6.0	8.0～16.0	21.0～42.0
	高粱	籽粒	5.6～13.2	23.9～56.4	60.4～142.4

（续）

作物种类	收获物说明	产量水平 （t/hm²）	单位面积土地承载力（猪当量/hm²）	
			粪便全部利用	固体粪便堆肥外供＋ 肥水就地利用
大田作物	大麦	籽粒	2.7～10.5	18.9～73.5	47.7～185.4
	马铃薯	鲜块根	15.0～30.0	7.9～15.8	20.3～40.5
	棉花	皮棉	1.8～3.3	34.4～63.0	85.9～157.5
	大豆	豆粒	2.3～3.8	10.4～17.1	26.5～43.7
	绿豆	豆粒	1.8～4.2	94.5～220.5	238.4～556.3
果树	苹果	鲜果	30.0～75.0	15.0～37.5	37.5～93.8
	梨	鲜果	5.0～30.5	7.3～44.7	18.0～109.8
	葡萄	鲜果	10.0～45.0	31.8～143.1	79.8～359.1
	桃	鲜果	20.0～60.0	4.0～12.0	10.0～30.0
	杏	鲜果	4.8～11.3	23.8～56.1	60.1～141.6
	红枣	干果	5.0～11.7	7.7～17.9	19.3～45.3
	核桃	干果	2.3～6.0	1.4～3.6	3.4～9.0
蔬菜瓜果	番茄	鲜果	50.0～200.0	31.0～124.0	78.0～312.0
	工业用番茄	鲜果	69.9～163.1	14.7～34.3	37.1～86.5
	辣椒	鲜果	26.1～61.0	7.1～16.7	18.0～42.1
	黄瓜	鲜重	40.0～200.0	22.4～112.0	56.0～280.0
	青椒	鲜重	30.0～60.0	20.0～40.0	50.0～100.0
	茄子	鲜重	45.0～120.0	28.0～74.7	70.0～186.7
	大白菜	鲜重	80.0～150.0	34.7～65.0	88.0～165.0
	萝卜	鲜重	25.0～75.0	9.2～27.5	22.5～67.5
	大葱	葱头	45.0～65.0	9.8～14.2	25.8～37.2
	西瓜	鲜重	43.2～101.8	46.3～109.1	116.8～275.3
	甜瓜	鲜重	22.4～52.3	11.7～27.2	29.4～68.7
经济作物	花生	荚果	3.9～12.5	24.3～77.7	61.2～196.1
	油菜籽	籽粒	1.6～3.8	12.3～29.2	31.0～73.6
	芝麻	籽粒	0.7～3.7	4.4～23.3	11.1～58.8
	胡麻	籽粒	1.1～2.5	2.8～6.4	7.2～16.3
	向日葵籽	籽粒	1.9～4.5	7.8～18.4	19.6～46.4

（续）

作物种类		收获物说明	产量水平 （t/hm²）	单位面积土地承载力（猪当量/hm²）	
				粪便全部利用	固体粪便堆肥外供＋ 肥水就地利用
经济作物	甜菜	鲜块根	6.4～73.4	2.5～28.9	6.2～71.3
	枸杞	干果	2.5～5.9	8.0～18.8	20.1～47.5
	打瓜籽	籽粒	1.3～3.1	33.1～78.9	83.4～199.0
	烟叶	干重	1.1～4.6	3.2～13.3	9.5～39.8
人工草地	苜蓿	干重	5.0～20.0	6.4～25.5	15.8～63.0
	青贮玉米	鲜重	48.4～113.0	27.8～65.0	70.2～163.9
	饲用燕麦	籽粒	4.0～10.0	9.8～24.4	24.8～61.9
人工林地	杨树	木材	12.0～20.0	18.9～31.5	46.8～78.0

注：表中所列单位面积土地承载力值为当季作物的推荐值。

a：杨树等人工林地的产量水平单位为立方米每公顷每年 [m³/（hm²·年）]；

b：以土壤磷养分水平Ⅱ级、粪肥施用比例 MP50％、粪便磷当季利用率 MR30％为基础计算。

第六章

畜禽粪污土地承载力测评系统开发

一、养殖粪污土地承载力测评系统

（一）摘要

新疆农垦科学院相关创新团队通过大量文献数据的验证分析和筛选，整理出畜禽粪污土地承载力精准测评与潜力估算相关的 7 类 156 种 856 个基本参数。根据应用目的不同，在综合权衡了数据采集难易度和准确度的基础上，把评估系统分为 3 种数据采集与评估模式，并开发了评估软件系统，其操作使用快速、方便、标准。通过调整参数可以在国内外不同地区使用。

按照上述方法进行评估，可以科学调整和优化畜牧业发展布局，合理确定发展速度与强度，构建区域农牧结合与种养循环新模式。养殖场通过精准测评，可以科学调整配套消纳粪污的土地面积，实现全量粪肥的周年消纳，并以此作为上报环保督查部门和农牧主管部门粪污资源化利用的重要依据。

（二）背景技术

我国畜禽粪污每年产生量约 38 亿 t，其中氮养分含量 1.35×10^7 t，磷养分含量 5.1×10^6 t，养分含量相当于我国化肥年产量的 27%。截至目前，畜禽粪污还有 40% 没有得到有效利用，既产生了环境污染，同时也是资源浪费。如果将这些畜禽粪污经过无害化处理后变为粪肥，就近就地利用，既解决了耕地有机质提升的问题，又解决了粪污的出路问题。2018 年农业农村部颁布的《畜禽粪污土地承载力测算技术指南》按照以地定畜、种养平衡的原则，从畜禽粪污养分供给和土壤粪肥养分需求的角度出发，提出了畜禽存栏量、作物产量、土地面积的换算方法，是畜禽粪污作为肥料还田利用的重要指导性文件。该指南是优化畜牧业区域布局的重要依据。一方面，部分畜牧大县，畜禽存栏量超过了土地的承载能力，需要积极引导，逐步调减养殖数量；另一方面，承接畜牧业转移的区域，要在科学测算的基础上，合理确定养殖规模，制定畜牧业发展规划，避免走先污染后治理的老路。

但是指南中存在并需要进一步解决的问题主要有四个方面：一是由于指南中基础数据量少且不完整，导致在生产中难以应用，需要进一步摸索采集整理完成的技术数据体系；二是承载力测算要求的基础参数多，采集数据量大，换算关系复杂，容易出错，需要进一步开发相关软件实现自动化分析计算；三是指南中对现有的年鉴信息资料无法整体对接应用，需要进一步分析研判和筛查，工作量很大，还需要进一步拓展能够和年鉴信息资料对接的区域土地承载力软件功能，提高数据采集的时效性、准确性和规范化；四是指南中对区域和养殖场进行养殖结构、种植面积、作物品种再调整和再平衡缺乏指导，影响了功能的完整性，需要进一步在软件中增加该项功能。本软件主要围绕以上四个方面，研究并开发出了养殖粪污土地承载力测评系统。

（三）软件功能及技术方案

本软件主要解决的技术问题是开发养殖粪污土地承载力测评系统，能够很好地预测和化解养殖污染风险，根据大到区域、小到养殖场的畜禽粪肥产生量与作物粪肥需求量的现状与潜力，通过科学调整使区域或者养殖场粪肥产生量与土地消纳量趋于平衡。避免由于养殖量过大导致粪肥还田困难和使用风险加大以及养殖场粪肥堆积导致的各类环保问题以及资源利用浪费的问题。

不同地区可以通过对本区域内畜禽粪污土地承载力精准测评，科学制定和规划畜牧业发展强度与速度，科学调整和优化畜牧业发展布局，构建区域农牧结合与种养循环新模式。养殖场通过养殖量与配套土地承载力的精准测评，可以精准估算与调整畜禽养殖量、土地消纳面积和作物种植结构，实现全量粪肥的周年消纳，同时还可以作为上报环保督查部门和农牧主管部门粪污资源化利用的重要依据。

为解决上述技术问题，软件采用的技术方案有以下几种。

一是通过大量文献数据的验证分析和筛选，整理出畜禽粪污土地承载力精准测评与潜力估算相关的 7 类 156 种 856 个基本参数。本软件采用的数据更加全面、完整和系统，能够较好地利用到畜禽土地承载力测算与评估中。

二是本软件根据应用目的不同，并在综合权衡了数据获得的难易度和准确度的基础上，分别确立了作物种类、畜禽种类及对应配套、完整、系统的参数体系，把畜禽粪污土地承载力精准测评与潜力估算系统分为 3 种模式：第一种是养殖场模式，数据体系详细分为 16 个畜禽养殖品种与阶段，以及 116 种作物承载力，并对其进行评估；第二种是可利用年鉴数据的区域模式，比如县（旗）、市（盟、师）、省（自治区、兵团）及国家，按照年鉴中畜禽的种类、作物产量设计划分为 8 个主要畜禽养殖品种，以及 23 种作物承载力，并对其进行评估；第三种是不可利用年鉴数据的区域模式，比如乡（团）、村（连）等区域，设计划分为 12 个主要畜禽养殖品种与 27 种作物承载力，并对其进行评估。

三是开发的软件系统提供了人机交互界面，操作使用快速、方便、标准。主要评估结果自动排版，可直接打印。

四是开发的软件系统能够实现智能化和自动化运算，计算速度快，避免了复杂的人工运算费时费力，以及失误和错误增多的现象。

五是开发的软件系统采用标准模板录入，可以实现不同地区之间数据的对比与同一地区不同年份数据的对比，便于分析管理和科学研究。

六是开发的软件系统不但可以对当下的畜禽粪污土地承载力进行精准测评，而且还可以通过调整和优化养殖数量、土地面积与作物品种，使区域或养殖场所产生的粪肥与对应的消纳土地进行匹配，有效指导种养结合与农牧循环。

七是软件系统构建的第二种模式，可以直接对年鉴中的数据进行分析和归纳整理，最终对本地区畜禽粪污土地承载力进行测评与潜力估算。通过和年鉴数据的对接，提高了土地承载力测算技术数据的权威性、准确性和便捷性。

（四）操作界面说明与技术路线示意图

1. 区域畜禽粪污土地承载力测评系统（不可用年鉴数据的小地区）

前期已经系统测算和整理好了相关参数指标，主要包括区域不同作物和类别的 1 000kg 收获物氮、磷需要量，区域土壤不同氮、磷养分水平下施肥供给氮、磷养分占比推荐值，区域土壤分级与施肥氮、磷养分共计占比，有机肥替代化肥比例，粪肥氮、磷当季利用率，畜禽猪当量换算值，畜禽日排泄氮、磷量，不同粪污收集工艺氮、磷收集率，不同粪污处理方式氮、磷留存率，共计 9 类参数指标，并利用软件编写计算程序。

使用过程中，只需要在"表例一"中的"表 1"中填写"年度存栏量"，"表 2"中填写"年度种植面积"和"年度作物产量"即可，测评结果会在"表 3"中自动显示；并可通过在"表 1"中"调整存栏量"和（或）"表 2"中"调整种植面积"使评测结果处于"不超载"状态，最终调整结果在"表 3"中自动显示。人机交互操作界面中的主要内容可以直接打印。如"表例一"。

本系统主要面向不能获取年鉴数据的小地区使用，可以对区域畜禽粪污土地承载力进行测评，对未来养殖发展空间进行预测，对超载区域进行结构调整

（技术路线见附图一）。

2. 区域畜禽粪污土地承载力测评系统（可用年鉴数据的地区）

前期已经系统测算和整理好了相关参数指标，主要包括区域不同作物和类别的 1 000kg 收获物氮、磷需要量，区域土壤不同氮、磷养分水平下施肥供给氮、磷养分占比推荐值，区域土壤分级与施肥氮、磷养分共计占比，有机肥替代化肥比例，粪肥氮、磷当季利用率，畜禽猪当量换算值，畜禽日排泄氮、磷量，不同粪污收集工艺氮、磷收集率，不同粪污处理方式氮、磷留存率，共计 9 类参数指标，并利用软件编写计算程序。

使用过程中，只需要导入本地区年鉴中的 3 个相关表格数据，就会自动在"表例二"的"表1"中自动换算并录入"年度存栏量"，在"表2"中自动换算并录入"年度种植面积"和"年度作物产量"，测评结果会在"表3"中自动显示；并可通过在"表1"中"调整存栏量"和（或）"表2"中"调整种植面积"使评测结果处于"不超载"状态，最终调整结果在"表3"中自动显示。人机交互操作界面中的主要内容可以直接打印。如"表例二"。

本系统主要用于面向可利用年鉴数据的地区使用，可以对区域畜禽粪污土地承载力进行测评，对未来养殖发展空间进行预测，对超载区域进行结构调整（技术路线见附图二）。

3. 养殖场畜禽粪污土地承载力测评系统

前期已经系统测算和整理好了相关参数指标，主要包括区域不同作物和类别的 1 000kg 收获物氮、磷需要量，区域土壤不同氮、磷养分水平下施肥供给氮、磷养分占比推荐值，区域土壤分级与施肥氮、磷养分共计占比，有机肥替代化肥比例，粪肥氮、磷当季利用率，畜禽猪当量换算值，畜禽日排泄氮、磷量，不同粪污收集工艺氮、磷收集率，不同粪污处理方式氮、磷留存率，共计 9 类参数指标，并利用软件编写计算程序。

使用过程中，只需要在"表例三"的表1中填写"年度存栏量"，"表2"中填写"年度种植面积"和"年度作物产量"即可，测评结果会在"表3"中自动显示；并可通过在"表1"中"调整存栏量"和（或）"表2"中"调整种植面积"使评测结果处于"不超载"状态，最终调整结果在"表3"中自动显示。人机交互操作界面中的主要内容可以直接打印。如"表例三"。

本系统主要用于确定新建养殖场配套消纳粪污的土地最小面积，验证运营养殖场配套消纳粪污的土地面积能否满足需要，并提出调整方案（技术路线见附图三）。

附图一　区域畜禽粪污土地承载力精准测算与潜力评估系统（不可用年鉴数据的小地区）技术路线图

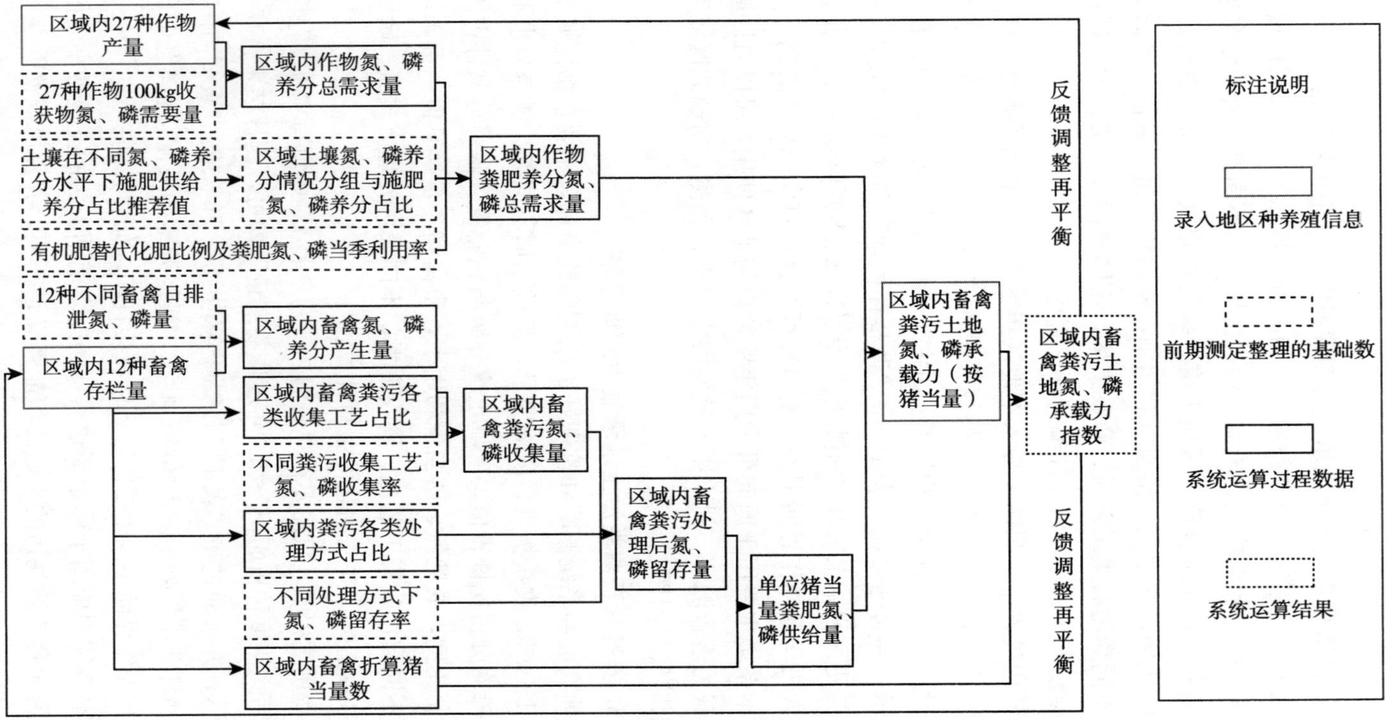
区域内27种作物产量
27种作物100kg收获物氮、磷需要量
区域内作物氮、磷养分总需求量
土壤在不同氮、磷养分水平下施肥供给养分占比推荐值
区域土壤氮、磷养分情况分组与施肥氮、磷养分占比
区域内作物粪肥养分氮、磷总需求量
有机肥替代化肥比例及粪肥氮、磷当季利用率
12种不同畜禽日排泄氮、磷量
区域内12种畜禽存栏量
区域内畜禽氮、磷养分产生量
区域内畜禽粪污各类收集工艺占比
不同粪污收集工艺氮、磷收集率
区域内畜禽粪污氮、磷收集量
区域内粪污各类处理方式占比
不同处理方式下氮、磷留存率
区域内畜禽粪污处理后氮、磷留存量
单位猪当量粪肥氮、磷供给量
区域内畜禽折算猪当量数
区域内畜禽粪污土地氮、磷承载力（按猪当量）
区域内畜禽粪污土地氮、磷承载力指数
反馈调整再平衡
反馈调整再平衡
标注说明
录入地区种养殖信息
前期测定整理的基础数
系统运算过程数据
系统运算结果

附图二　区域畜禽粪污土地承载力精准测算与潜力评估系统（可用年鉴数据的小地区）技术路线图

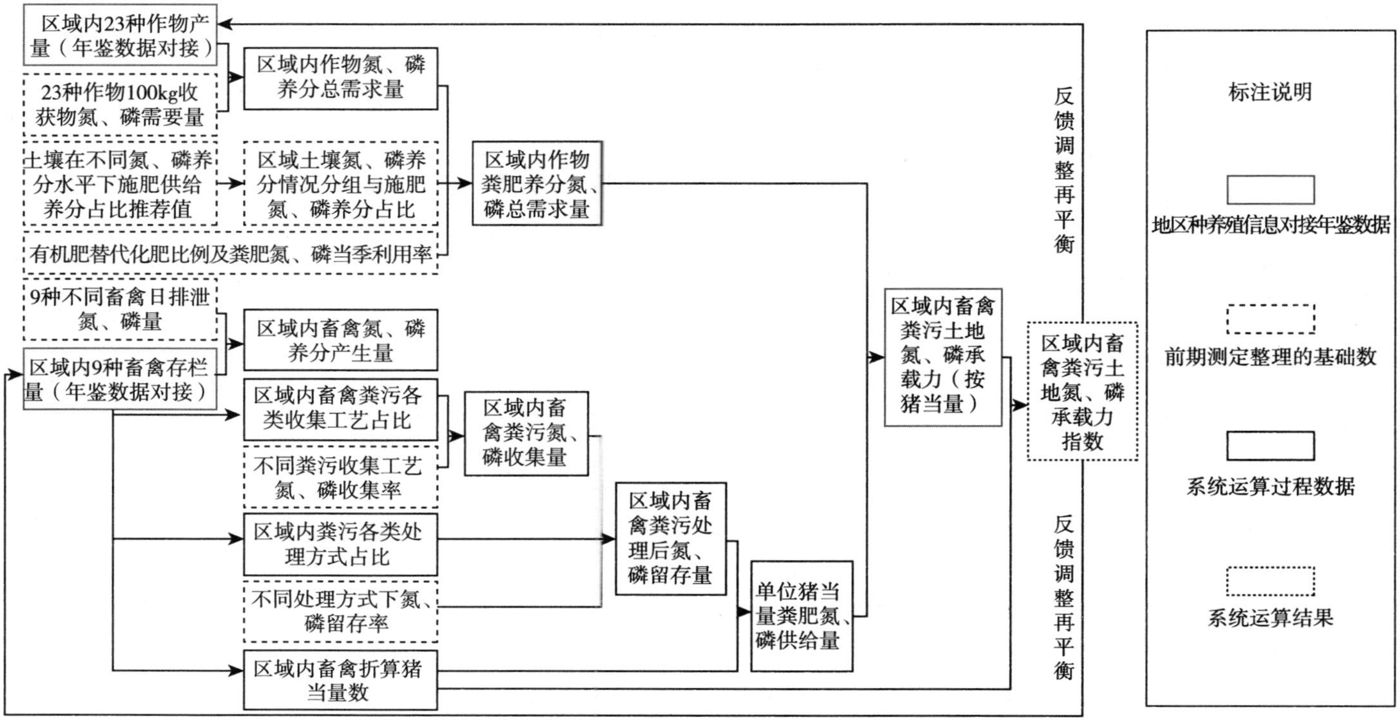

标注说明

地区种养殖信息对接年鉴数据

前期测定整理的基础数据

系统运算过程数据

系统运算结果

反馈调整再平衡

区域内畜禽粪污土地氮、磷承载力指数

反馈调整再平衡

区域内畜禽粪污土地氮、磷承载力（按猪当量）

单位猪当量畜禽粪肥氮、磷供给量

区域内作物类肥养分氮、磷总需求量

区域内畜禽粪污处理后氮、磷留存量

区域内作物氮、磷养分总需求量

区域内畜禽粪污氮、磷收集量

区域内作物氮、磷养分分量需求量

区域内土壤氮、磷养分情况分组与施肥氮、磷养分占比

有机肥替代化肥比例及类肥氮、磷当量利用率

区域内畜禽氮、磷养分产生量

不同畜禽粪污各类收集工艺占比

不同粪污收集工艺氮、磷收集率

区域内类污各季处理方式占比

不同处理方式下氮、磷留存率

区域内畜禽折算猪当量数

区域内23种作物产量（年鉴数据对接）

23种作物100kg收获物氮、磷需要量

土壤在不同氮、磷养分水平下施肥供给养分占比推荐值

9种不同畜禽日排泄氮、磷量

区域内9种畜禽存栏量（年鉴数据对接）

117

附图三　养殖场畜禽粪污土地承载力精准测算与潜力评估系统技术路线图

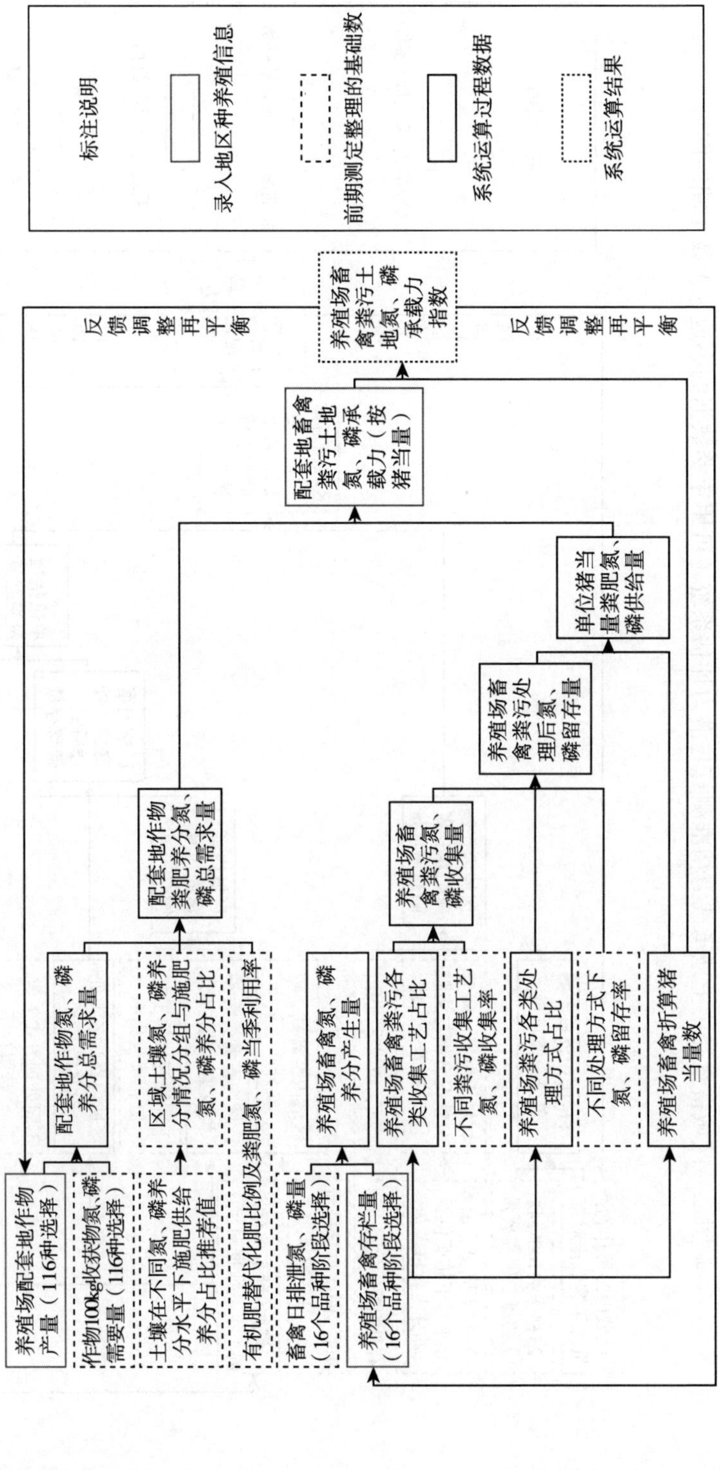

标注说明

- 录入地区种养殖信息
- 前期测定整理的基础数据
- 系统运算过程数据
- 系统运算结果

养殖场畜禽粪污土地氮、磷承载力指数

反馈调整再平衡

配套地畜禽粪污土地氮、磷承载力（按猪当量）

配套地作物粪肥养分氮、磷总需求量

单位猪当量粪肥氮、磷供给量

养殖场畜禽粪污氮、磷处理后存量

养殖场畜禽粪污氮、磷收集量

配套地作物氮、磷养分总需求量

区域土壤养分分情况分组与施肥氮、磷养分占比

养殖场畜禽氮、磷分产生量

养殖场畜禽粪污各类收集工艺占比

不同粪污收集工艺下氮、磷收集率

养殖场畜禽粪污各处理方式占比

不同处理方式下氮、磷留存率

养殖场畜禽折算猪当量数

养殖场配套地作物产量（116种选择）

配套地作物氮、磷养分需要量（116种选择）

土壤在不同氮、磷养分水平下施肥供给养分占比推荐值

有机肥替代化肥比例及类型氮、磷　当季利用率

畜禽日排泄氮、磷量（16个品种阶段选择）

养殖场畜禽存栏量（16个品种阶段选择）

118

表例一：区域畜禽粪污土地承载力测评系统（不可用年鉴数据的小地区）

区域畜禽粪污土地承载力精准测算与潜力评估系统（不可用年鉴数据的小地区）							
单位名称	兵团第十师188团		测算年度		所属区域		北疆
表1：养殖种类与数量			表2：种植种类、面积与产量				
畜禽种类	年度存栏量（头、只、羽）	调整存栏量（头、只、羽）	作物种类	所属类别	年度种植面积（亩）	年度作物产量（t）	调整种植面积（t）
生猪	10 500		水稻	粮食作物	0	0	
奶牛	0		小麦	粮食作物	0	0	
肉牛	3 300		大麦	粮食作物	0	0	
羊	81 100		玉米	粮食作物	380	190.4	
蛋鸡	3 500		豆类	粮食作物	13 360	3 019.1	
肉鸡	300		薯类	粮食作物	0	0	
马驴	3 100		油葵	油料作物	1 100	308	
兔子	0		油菜	油料作物	0	0	
骆驼	1 400		棉花	经济作物	0	0	
马鹿	0		打瓜	经济作物	3 790	492.7	
鸭鹅	0		籽瓜	经济作物	26 570	3 806	
鸽子	0		食葵	经济作物	31 000	7 812	
			甜菜	经济作物	0	0	
			加工番茄	经济作物	0	0	
			啤酒花	经济作物	0	0	
			枸杞	经济作物	0	0	
			葡萄	果树作物	0	0	
			苹果	果树作物	0	0	
			梨	果树作物	0	0	
			桃	果树作物	0	0	
			红枣	果树作物	0	0	
			核桃	果树作物	0	0	
			杏	果树作物	0	0	
			瓜果	果蔬作物	0	0	
			蔬菜	果蔬作物	0	0	
			苜蓿	牧草作物	1 270	1 103.2	
			青贮玉米	牧草作物	1 230	5 676.4	

（续）

区域畜禽粪污土地承载力精准测算与潜力评估系统（不可用年鉴的小地区）		

表3：测定结果

项目	数据	判定结果（指数＞1超载，＜1不超载，＝1平衡）
区域畜禽粪污土地承载力指数（以氮测算）	0.510	不超载
区域畜禽粪污土地承载力指数（以磷测算）	1.042	超载
区域土地承载量（以氮估算）（猪当量）	131 962	
区域土地承载量（以磷估算）（猪当量）	64 604	
区域最大承载量（猪当量）	64 604	
区域内可增加承载量（猪当量）	－2 688	

表例二：区域畜禽粪污土地承载力测评系统（可用年鉴数据的地区）

畜区域禽粪污土地承载力精准测算与潜力评估系统（可用年鉴的地区）					
单位名称	兵团第十师	测算年度		所属区域	北疆

表1：养殖种类与数量			表2：种植种类、面积与产量				
畜禽种类	年度存栏量（头、只、羽）	调整存栏量（头、只、羽）	作物种类	所属类别	年度种植面积（亩）	年度作物产量（t）	调整种植面积（亩）
奶牛	10 500		水稻	粮食作物	0	0	
肉牛	0		春小麦	粮食作物	0	0	
马驴	3 300		冬小麦	粮食作物	0	0	
骆驼	81 100		大麦	粮食作物	380	190.4	
猪	3 500		玉米	粮食作物	13 360	3 019.1	
山羊	300		大豆	粮食作物	0	0	
绵羊	3 100		油菜	油料作物	1 100	308	
鸡	0		油用向日葵	油料作物	0	0	
兔	1 400		食用向日葵	油料作物	0	0	

（续）

畜区域禽粪污土地承载力精准测算与潜力评估系统（可用年鉴的地区）							
表1：养殖种类与数量			表2：种植种类、面积与产量				
畜禽种类	年度存栏量（头、只、羽）	调整存栏量（头、只、羽）	作物种类	所属类别	年度种植面积（亩）	年度作物产量（t）	调整种植面积（亩）
			马铃薯	薯类作物	3 790	492.7	
			棉花	经济作物	26 570	3 806	
			糖用甜菜	经济作物	31 000	7 812	
			打瓜	经济作物	0	0	
			苜蓿	牧草作物	0	0	
			西瓜	瓜类草莓	0	0	
			甜瓜	瓜类草莓	0	0	
			葡萄	果树作物	0	0	
			苹果	果树作物	0	0	
			梨	果树作物	0	0	
			桃	果树作物	0	0	
			红枣	果树作物	0	0	

表3：测定结果

项目	数据	判定结果（指数>1超载，<1不超载，=1平衡）
区域畜禽粪污土地承载力指数（以氮测算）	0.510	不超载
区域畜禽粪污土地承载力指数（以磷测算）	1.042	超载
区域土地承载量（以氮估算）（猪当量）	131 962	
区域土地承载量（以磷估算）（猪当量）	64 604	
区域最大承载量（猪当量）	64 604	
区域内可增加承载量（猪当量）	−2 688	

表例三：养殖场畜禽粪污土地承载力测评系统

养殖场畜禽粪污土地承载力精准测算与潜力评估系统						
单位名称	兵团第十师188团康庄养殖场		测算年度	2019	所属区域	北疆

表1：养殖种类与数量				表2：种植种类、面积与产量			
畜禽种类	年度存栏量（头、只、羽）	调整存栏量（头、只、羽）	作物种类	所属类别	年度种植面积（亩）	年度作物产量（t）	调整种植面积（亩）
生猪	保育猪	2 000		水稻	粮食作物	0	0
	育肥猪	1 000		冬小麦	粮食作物	0	0
	能繁母猪	213		玉米	粮食作物	1 336	1 111
奶牛	后备牛			大豆	粮食作物	0	0
	泌乳牛			马铃薯	薯类作物	3 790	3 019.1
肉牛							0
羊							0
蛋鸡	育雏育成鸡						
	产蛋鸡						0
肉鸡							0
鸭鹅							0
马驴							0
							0
							0
							0
							0
							0
							0
							0

（续）

养殖场畜禽粪污土地承载力精准测算与潜力评估系统		
表3：测定结果		
项目	数据	判定结果（指数＞1超载，＜1不超载，＝1平衡）
区域畜禽粪污土地承载力指数（以氮测算）	0.510	不超载
区域畜禽粪污土地承载力指数（以磷测算）	1.042	超载
区域土地承载量（以氮估算）（猪当量）	131 962	
区域土地承载量（以磷估算）（猪当量）	64 604	
区域最大承载量（猪当量）	64 604	
区域内可增加承载量（猪当量）	−2 688	

二、畜禽粪便土地承载力软件使用

1. 注册

第一次登陆的用户需要输入手机号、用户名、密码设置、统一社会代码、所在师团、单位地址、上传组织机构代码证，然后经管理员审核，最后注册成功（图 6-1）。

图 6-1 测评系统注册

2. 步骤 1 计算前准备

用户通过系统登录界面，输入用户账号及密码登录本系统之后，会直接进入"计算前准备"页，然后点击"点我开始计算！"即可（图 6-2）。

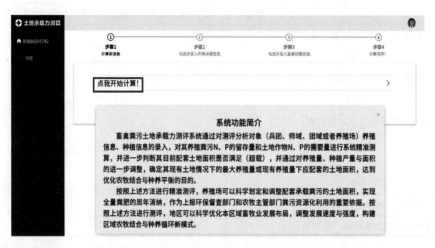

图 6-2　测评系统测算前准备

3. 选择计算模式

系统分为兵团、师域、团场、养殖场 4 种类型，养殖场又根据粪污收集处理工艺的不同细分为 6 种类型。逐级选择双击需要的计算模式，即可进入下一步骤（图 6-3）。

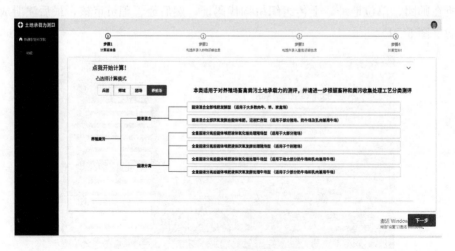

图 6-3　测评系统模式选择

4. 步骤 2 勾选并录入作物详细信息

用户需录入作物产量与面积信息，完成后点击屏幕右下角的"下一步"。注意"兵团"和"师域"产量单位是"吨"，面积单位是"公顷"；"团场"和"养殖场"产量单位是"吨"，面积单位是"亩"。

例如，录入玉米 150t，10hm^2；棉花 600t，150hm^2（图 6-4）。

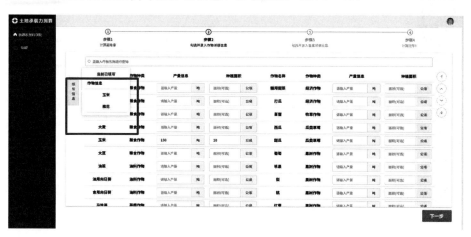

图 6-4　测评系统作物信息录入

当填写信息较多容易产生遗漏时，可以将鼠标移动到"填写信息"的位置，系统会弹出已经填写的作物信息，方便查看（图 6-5）。

图 6-5　测评系统作物信息录入

5. 步骤 3 勾选并录入畜禽详细信息

在本步骤当中，用户需要录入畜禽养殖数量，完成后点击屏幕右下角的

"下一步"，系统会直接完成计算结果。

例如，录入奶牛 500 头，猪 1 000 头（图 6-6）。

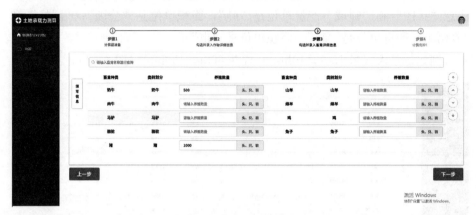

图 6-6　测评系统畜禽信息录入

6. 步骤 4 计算完毕——对录入信息的计算

根据上述录入的种养殖信息，系统分别估算出区域土地承载力的目前现状和未来潜力。得到承载力指数按氮估算为 0.413 2，按磷估算为 0.463 1；按氮估算为 10 486 个猪当量，按磷估算为 9 357 个猪当量（图 6-7）。

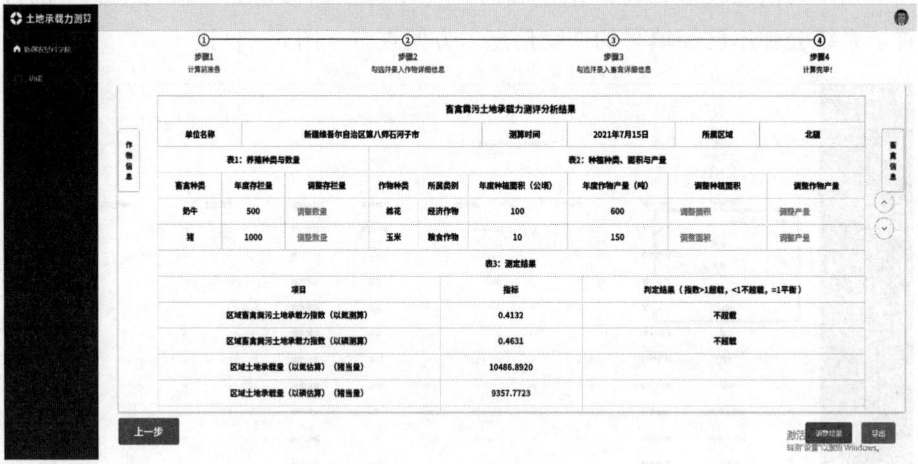

图 6-7　测评系统计算结果

7. 测评结果的调整

可以根据实际需要进行种养殖信息的调整，并点击"调整结果"得到最终信息。

例如，奶牛存栏量增加 600 头，猪存栏量增加 1 000 头的结果（图 6-8）。

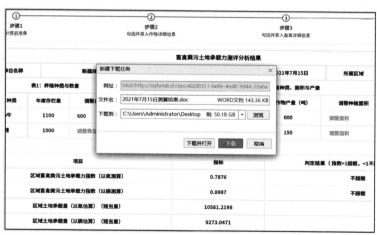

图 6-8　测评系统调整结果

8. 结果的导出与保存

点击屏幕右下角的"导出"（图 6-9），测评分析结果会直接导出，并以 Word 文档格式下载到电脑桌面。打开 Word 文档即可得到一张"畜禽粪污土地承载力精准测算与潜力评估结果"表格（图 6-10）。

图 6-9　测评系统测评结果桌面保存

畜禽粪污土地承载力精准测算与潜力评估结果						
单位名称	新疆维吾尔自治区第八师石河子市		测算年度	2021.7.15	所属区域	北疆

表1：养殖种类与数量			表2：种植种类、面积与产量			
畜禽种类	年度存栏量（头、只、羽）	调整存栏量（头、只、羽）	作物种类	所属类别	年度种植面积（亩）	年度作物产量（吨）	调整种植面积（亩）	调整作物产量（吨）
奶牛	1,100	600	棉花	经济作物	100	600		
猪	1000		玉米	粮食作物	10	150		

表3：测定结果		
项目	指标	判定结果
区域畜禽粪污土地承载力指数（以氮测算）	0.7876	不超载
区域畜禽粪污土地承载力指数（以磷测算）	0.8987	不超载
区域土地承载量（以氮估算）（猪当量）	10581.2198	
区域土地承载量（以磷估算）（猪当量）	9273.0471	
区域最大承载量（猪当量）	9273.0471	
区域内可增加承载量（猪当量）	939.7138	

图 6-10　测评系统保存在桌面的测评结果

第七章

畜禽粪污土地承载力技术应用

一、新疆生产建设兵团畜禽粪便耕地负荷及土地承载力

畜禽粪污是畜牧业污染的主要来源。畜禽养殖及其粪便污染也早已引起国内学者的关注，我国每年畜禽粪污产生量达到了 3.8×10^9 t，但规模化以上畜禽养殖粪污资源化率却不足 70%，大量的重金属元素未经处理就被排放到环境中。第一次污染源普查数据显示，畜禽养殖业 COD 排放量占农业源排放总量的 96%，占全国总量的近一半，农业面源污染已经超过工业"三废"，成为环境污染的最大源头。但畜禽粪污既是污染源也是一种宝贵的资源，畜禽养殖粪污中含有大量的有机物和氮、磷、钾等营养物质，是可以合理开发利用的宝贵资源，对农业可持续发展具有举足轻重的作用。近年来，兵团畜牧业发展迅速，也从传统畜牧业向现代畜牧业不断转型，规模化、集约化和现代化比重也不断提高。畜禽粪污资源化利用程度如何提高，是目前亟待解决的问题。

（一）兵团数据

1. 畜禽饲养期与饲养量

本文的畜禽饲养量数据来源于《兵团统计年鉴（2019 年）》公布的统计资料，数据截止时间是 2019 年年底。年鉴中主要统计的畜种有牛（奶牛）、马、驴、猪、羊、家禽、兔。主要统计指标为类畜禽相应的生长周期、年末存栏量、年内售出数。

各畜禽的饲养周期数值见第一章、一、（四）、9. ③"饲养周期"。奶牛、肉牛、马、驴、能繁母猪、羊、蛋鸡饲养期为 365 天，育肥猪 179 天，肉鸡 55 天，兔 147 天。

2019 年兵团奶牛饲养量为 25.31×10^4 头，肉牛 27.18×10^4 头；马 4.05×10^4 匹，驴 1.24×10^4 头；能繁母猪 25.21×10^4 头，育肥猪 499.9×10^4 头；羊 406.15×10^4 只；蛋鸡 $1\ 440.46 \times 10^4$ 羽，肉鸡 $3\ 386.07 \times 10^4$ 羽；兔

184.48×10^4 只。

2. 畜禽粪便排泄系数

畜禽粪便排泄系数见第二章表 2-1。

3. 作物种植面积与产量

本文的作物种植面积与产量数据来源于《兵团统计年鉴（2019 年）》公布的统计资料，数据截止时间为 2019 年年底。由此得出 2019 年兵团 14 个师的水稻、小麦、玉米、大麦、豆类、薯类、油料、棉花、甜菜、蔬菜、瓜果类、打瓜子、苜蓿的种植面积和产量。2019 年兵团农作物播种面积为 $138.49\times10^4\,hm^2$。

4. 兵团主要农作物形成 100kg 经济产量所需的氮、磷量

兵团主要农作物形成 100kg 经济产量所需的氮、磷量见第四章表 4-1。

（二）耕地负荷及土地承载力测算方法

1. 畜禽粪便产生量测算

畜禽粪便产生量计算见第二章第一部分畜禽概述（P34 "9. 粪污产生测量"）。

2. 畜禽粪便中纯养分量测算

$$A = q \times c$$

式中：A——畜禽粪便中养分量；

q——畜禽粪便产生量；

c——单位质量畜禽粪便养分含量。

3. 猪粪当量换算系数

1 头猪为 1 个猪当量。1 个猪当量的氮排泄量为 11.00kg，磷排泄量为 1.65kg，将各类畜禽粪便按含氮、磷量统一换算成猪粪当量。主要畜禽存栏量折算：100 头猪相当于 15 头奶牛、30 头肉牛、250 只羊、2 500 只家禽，其他畜禽可以按照相近的系数换算。

4. 农田畜禽粪便养分负荷量

畜禽粪便养分负荷量指单位面积土地能够消纳的畜禽粪便养分含量。

$$M = \frac{M_{NP}}{A}$$

式中：M——农田畜禽粪便养分负荷量；

M_{NP}——畜禽粪便养分含量；

A——有效农田面积。

5. 畜禽养殖承载力分析

畜禽粪便在收集、贮存和处理过程中会有一部分损失，实际能够供给农田的粪便养分量需要乘以一定的系数。研究表明，我国畜禽粪便养分的损失率一般按30％计算。按照董红敏《土地承载力测算技术指南》估算，氮损失率在35％，磷损失率在30％。根据兵团土壤的总体情况，取土壤氮磷Ⅱ级养分，有机肥施肥供给比例推荐值为45％，将区域内农田养分需求量乘以粪肥施用比例，获得该区域农田粪便养分需求量，再除以单位生猪一个饲养周期的氮、磷供给量，获得区域农田以氮、磷计可承载的猪当量：

$$P_{pig} = \frac{M_{need} \times P_{manure}}{N_{pig} \times (1 - P_{lost})}$$

式中：P_{pig}——农田畜禽养殖承载力；

M_{need}——区域内作物养分需求量；

P_{manure}——区域内畜禽粪便替代化肥的比例，取推荐值45％；

N_{pig}——单位生猪一个饲养周期的 N、P 排放量；

P_{lost}——粪便管理过程中的损失率，N 取值35％，P 取值30％。

（三）畜禽粪便排放量

由表7-1可以看出，2019 年兵团畜禽粪便排放量达到 1 920.60×10⁴ t；进一步分析表明：猪＞奶牛＞羊＞肉牛＞家禽＞马驴＞兔，其中猪为540.27×10⁴ t、奶牛为 491.01×10⁴ t、羊为 446.77×10⁴ t、肉牛为 312.57×10⁴ t、家禽为 94.96×10⁴ t、马驴为 30.1×10⁴ t、兔为 4.61×10⁴ t。另外，如果算上养殖污水总量，牛场和猪场的粪污总量还要更多，且粪污含水量大，是粪污处理和资源化利用的难点和重点。

（四）农田畜禽粪便养分负荷

1. 畜禽粪便耕地负荷

目前，粪便还田是我国畜禽粪便处理的主要出路，农田畜禽粪便负荷量可以间接衡量当地畜禽饲养密度及畜牧业布局的合理性。根据畜禽种类和区域特点，农田畜禽粪便负荷量会有所变化。在《全国规模化畜禽养殖业污染情况调查及防治对策》中提出：每公顷农田能够负荷的畜禽粪便为30～45 t，如果高于这一水平会导致土壤富营养化，对环境产生影响，从环境风险的角度考虑，以最低限度 30 t 为最大理论适宜量。

由表 7-1 可以看出，2019 年兵团耕地总面积 1 384.50×10³ hm²，耕地畜禽粪便负荷 13.87t/hm²，其中平均耕地负荷在 20t/hm² 以上的有第四师、第十二师、第十三师和第十四师，分别达到了 25.56t/hm²、30.37t/hm²、25.05t/hm²、49.14t/hm²；平均耕地负荷在 15～20t/hm² 的有第二师和第九师；平均耕地负荷在 10～15t/hm² 的有第五师、第六师、第七师、第八师和第十师；平均耕地负荷在 10t/hm² 以下的有第一师和第三师。说明兵团各师的畜禽养殖量可适度增加。

由表 7-1 可以看出，兵团 2019 年耕地畜禽粪便负荷量 13.87t/hm²，而我国 2016 年耕地畜禽粪便负荷量为 35.66t/hm²，安康市 2014 年耕地畜禽粪便负荷量为 30.50t/hm²，2013 年秦皇岛市耕地畜禽粪便负荷量为 3.07t/hm²，2016 年山西省耕地畜禽粪便负荷量为 11.36t/hm²，黑龙江垦区 2016 年耕地畜禽粪便负荷量为 1.15t/hm²，全国的耕地畜禽粪便负荷量是兵团的 2.57 倍，山西省、秦皇岛市、安康市的耕地畜禽粪便负荷量也明显低于全国水平，说明除畜牧业大省外，其余省市还有很大的发展空间。

表 7-1 2019 年兵团畜禽粪便产生量与氮、磷素养分及耕地负荷

指标	产生量 (10⁴t)	养分含量 (10⁴t)		耕地面积 (10³hm²)	耕地负荷 (t/hm²)	负荷 (kg/hm²)	
		N	P			N	P
第一师	139.72	0.64	0.16	184.27	7.58	34.57	8.63
第二师	144.60	0.67	0.17	84.28	17.16	79.85	21.36
第三师	89.10	0.58	0.14	109.41	8.14	52.92	12.34
第四师	324.77	1.69	0.41	127.07	25.56	133.16	31.95
第五师	78.80	0.40	0.10	71.81	10.97	55.15	14.20
第六师	226.19	1.20	0.33	190.45	11.88	62.85	17.33
第七师	194.16	1.00	0.25	150.96	12.86	66.18	16.63
第八师	372.53	1.41	0.38	278.81	13.36	50.50	13.59
第九师	139.31	0.94	0.21	80.51	17.30	117.25	26.33
第十师	84.63	0.50	0.12	63.85	13.26	78.62	18.64
第十一师	0.01	—	—	—	—	—	—
第十二师	36.27	0.17	0.04	11.94	30.37	145.73	35.18
第十三师	64.97	0.37	0.09	25.94	25.05	143.79	35.47
第十四师	25.55	0.20	0.05	5.20	49.14	380.77	90.39
兵 团	1 920.60	9.77	2.45	1 384.50	13.87	70.57	17.73

2. 畜禽粪便纯氮养分耕地负荷

欧盟农业政策规定，粪肥年施氮的限量标准为170kg/hm²，超过这个极限值，将会带来硝酸盐的淋洗，极易造成对土壤和水体环境的污染。

由表7-1可以看出，2019年兵团畜禽粪便平均氮素负荷70.57kg/hm²，其中平均氮素负荷在170kg/hm²以上的是第十四师，达到了380.77kg/hm²，超过了极限值；平均氮素负荷在120～170kg/hm²的有第四师、第十二师和第十三师，分达到了133.16kg/hm²、145.73kg/hm²、143.79kg/hm²，接近极限值；平均氮素负荷在70～120kg/hm²的有第二师、第九师、第十师；平均氮素负荷在70kg/hm²以下的有第一师、第三师、第五师、第六师、第七师和第八师。资料表明，耕地畜禽粪便氮养分负荷量安康市（2010年）为183.57kg/hm²，全国（2016年）为150.02kg/hm²，山西省（2016年）为63.28kg/hm²。经过对比，兵团畜禽粪便氮养分负荷量低于全国平均值而高于山西省。

由表7-1可以看出，2019年兵团畜禽养殖氮素养分总量达到了9.77×10⁴t（折合成尿素为21.64×10⁴t）；进一步分析表明：羊＞奶牛＞猪＞肉牛＞家禽＞马驴＞兔，其中羊为4.53×10⁴t、奶牛为1.72×10⁴t、猪为1.29×10⁴t、肉牛为1.10×10⁴t、家禽为0.98×10⁴t、马驴为0.11×10⁴t、兔为0.04×10⁴t。2019年兵团农用化肥中氮肥使用量以氮计为34.71×10⁴t，是同年畜禽养殖氮素养分总量的3.55倍。

3. 畜禽粪便纯磷养分耕地负荷

土壤粪便年施磷量不能超过35kg/hm²，过量会引起土壤磷的淋洗。由表7-1可以看出：2019年兵团畜禽粪便平均磷素负荷17.73kg/hm²，其中平均磷素负荷在35kg/hm²以上的有第十二师、第十三师、第十四师，分别为35.18kg/hm²、35.47kg/hm²、90.39kg/hm²，超过极限值；平均磷素负荷在25～35kg/hm²的有第四师和第九师，达到31.95kg/hm²和26.33kg/hm²，接近极限值；平均磷素负荷在15～25kg/hm²的有第二师、第六师、第七师、第十师；平均磷素负荷在15kg/hm²以下的有第一师、第三师、第五师、第八师。山西省2016年耕地畜禽粪便磷养分负荷量为20.32kg/hm²，安康市2014年农田畜禽粪便磷养分负荷量为55.49kg/hm²，说明兵团局部地区磷养分负荷量超过极限值，但平均磷养分负荷量远低于上述对比地区。

由表7-1可以看出，2019年兵团畜禽养殖粪污磷素养分含量达到了2.45×10⁴t（折合成P₂O₅为5.62×10⁴t）。进一步研究表明：羊＞奶牛＞猪＞

家禽＞肉牛＞马驴＞兔，其中羊为 0.97×10^4 t、奶牛为 0.40×10^4 t、猪为 0.4×10^4 t、肉牛为 0.26×10^4 t、家禽为 0.39×10^4 t、马驴为 0.02×10^4 t、兔为 0.01×10^4 t。2019 年兵团农用化肥中磷肥使用量以 P_2O_5 计为 13.85×10^4 t，是同年畜禽养殖磷素养分总量的 5.64 倍。

（五）畜禽养殖承载力

从表 7-2 可知，兵团农田畜禽养殖承载力以氮、磷计分别为 $2\,227.83\times10^4$ 头和 $3\,570.297\times10^4$ 头猪当量，实际饲养量占承载量的 39.87％ 和 41.66％，承载潜力分别为 60.13％ 和 58.34％，说明从土地承载力来看，兵团发展畜牧业的空间还很大，但是各师养殖潜力差异较大。从数据来看，就各师以氮、磷计承载潜力作为参考标准，第十四师已经超负荷养殖，第四师养殖潜力还有 2.30％，第九师养殖潜力还有 4.52％，其余各师还有较大养殖潜力。

表 7-2   2019 年兵团畜禽养殖农田承载量

指标	存栏量（10^4 头猪当量）		畜禽承载力（10^4 头猪当量）		承载潜力（％）	
	N	P	N	P	N	P
第一师	57.91	96.36	308.02	516.55	81.20	81.35
第二师	61.18	109.09	112.45	193.74	45.59	43.69
第三师	52.64	81.82	156.81	269.89	66.43	69.69
第四师	153.82	246.06	201.77	251.86	23.77	2.30
第五师	36.00	61.82	130.52	209.99	72.42	70.56
第六师	108.82	200.00	302.95	453.35	64.08	55.88
第七师	90.82	152.12	252.99	423.56	64.10	64.09
第八师	128.00	229.70	477.10	776.54	73.17	70.42
第九师	85.82	128.49	107.83	134.56	20.41	4.52
第十师	45.64	72.12	88.81	109.46	48.62	34.25
第十一师	—	—	10.32	40.69	—	—
第十二师	15.82	25.46	21.17	54.09	25.29	52.94
第十三师	33.91	55.76	43.59	91.31	22.21	38.94
第十四师	18.00	28.49	13.50	44.46	-33.35	35.93
兵 团	888.27	1 487.27	2 227.83	3 570.30	60.13	58.34

（六）兵团畜禽粪便耕地负荷及土地承载力

2019 年兵团畜禽粪便排放量达到 1 920.60×10⁴t，猪＞奶牛＞羊＞肉牛＞家禽＞马驴＞兔，若将养殖污水总量计入，牛场的粪污总量要超过羊场，且粪污含水量大，是粪污处理和资源化利用的难点和重点。

2019 年兵团畜禽粪便平均氮素负荷 70.58kg/hm²，其中第十四师负荷量最高，达到 380.77kg/hm²；畜禽养殖氮素养分总量达到 9.77×10⁴t（折合成尿素 20.87×10⁴t），农用化肥中氮肥使用量以氮计为 34.71×10⁴t，是同年畜禽养殖氮素养分总量的 3.55 倍。

2019 年兵团畜禽粪便平均磷素负荷 17.73kg/hm²，其中第十二师、第十三师、第十四师，分别为 35.18kg/hm²、35.47kg/hm²、90.39kg/hm²，超过极限值；畜禽养殖磷素养分总量达到 2.45×10⁴t（折合成 P_2O_5 为 5.62×10⁴t），农用化肥中磷肥使用量以 P_2O_5 计为 13.85×10⁴t，是同年畜禽养殖磷素养分总量的 5.64 倍。

2019 年兵团农作物氮、磷需求量分别为 35.40×10⁴t、9.16×10⁴t；畜禽粪便扣除流失的氮、磷后所能提供的氮、磷量分别为 6.38×10⁴t、1.72×10⁴t。从数据来看，兵团整体畜禽粪便可完全被农田消纳，各师畜禽粪便也可完全被农田消纳，但是师域范围较大，且师域内畜禽粪便产生空间上的不均衡性，不排除畜禽粪便在局部地区直接存在着土壤和水体的氮、磷污染问题。

2019 年兵团农田畜禽养殖承载以氮、磷计分别为 2 227.83×10⁴ 和 3 570.30×10⁴ 头猪当量，实际饲养量占承载量的 39.87％和 41.66％，承载潜力分别为 60.13％和 58.34％，从土地承载力来看，兵团发展畜牧业的空间还很大。

二、新疆生产建设兵团典型团场畜禽粪污土地承载力

（一）团场数据

1. 团场的选择

本文选择了兵团南北疆不同垦区的 14 个师的 39 个农牧团场，其中南疆团场 9 个、北疆团场 30 个；其中也包含了兵团 12 个环境敏感的近郊团场（表 7 - 3）。

表 7 - 3　各师典型团场名单

序号	所在师	典型团场*
1	第一师	10 团**、14 团
2	第二师	29 团**、22 团
3	第三师	44 团**、51 团
4	第四师	64 团**、66 团、68 团、77 团
5	第五师	89 团**、81 团、90 团
6	第六师	102 团**、奇台农场、共青团农场、芳草湖农场
7	第七师	130 团**、124 团、123 团
8	第八师	石河子总场**、142 团、143 团、144 团
9	第九师	165 团、161 团、团结农场
10	第十师	188 团**、181 团、182 团
11	第十一师	5 团
12	第十二师	104 团**、五一农场、222 团
13	第十三师	黄田农场**、红星一场、红山农场
14	第十四师	224 团**、47 团
15	合　计	39 个团场

备注：＊新疆生产建设兵团下辖团场 138 个，团场建制为团级单位，由原来的建制团演变而成，经过改革开放后，现在各农牧团场基本类似于普通的农场。

＊＊为近效团场。

2. 养殖与种植数据获取

通过行政部门发文收集和技术人员实地调研两种方式相结合，获得了各团场 2019 年的种植信息和养殖信息。

植物信息涵盖了各典型团场绝大部分的种植种类，主要包括水稻、小麦、大麦、玉米、豆类、薯类、油葵、油菜、棉花（皮棉）、打瓜、食葵、甜菜、加工番茄、啤酒花、枸杞、葡萄、苹果、梨、桃、红枣、核桃、杏、瓜果、蔬菜、苜蓿、青贮玉米，共 26 种粮食、经济、果树、果蔬、牧草作物的种植面积（亩）与产量（吨）。

养殖信息涵盖了各典型团场绝大部分的养殖种类，主要包括生猪、奶牛、肉牛、羊、蛋鸡、肉鸡、马驴、兔子、骆驼、马鹿、鸭鹅、鸽子，共 12 种畜禽的 2019 年度年末存栏量（头、只、羽）。

3. 主要植物 100kg 经济产量所需要的氮（N）磷（P）含量

主要植物 100kg 经济产量所需的氮（N）磷（P）含量见第四章表 4－1。

4. 土壤信息获取（表 7－4）

表 7－4　新疆土壤养分汇总

类别	有机质 （g/kg）	全氮 （g/kg）	碱解氮 （mg/kg）	有效磷 （mg/kg）
北疆平均值	14.46	0.74	68.22	23.51
南疆平均值	10.99	0.60	63.51	17.15
全疆平均值	12.86	0.65	66.13	20.31

（二）土地承载力测算方法

1. 各典型团场畜禽粪污氮（N）和磷（P）产生量、收集率及处理留存率

畜禽粪污产生量及氮磷养分含量见第二章表 2－1，粪污氮磷收集率及处理留存率见第五章表 5－2、表 5－3。为了方便评估统一采用可以比较不同畜禽氮（磷）排泄量的度量单位即猪当量，并设定 1 头猪为 1 个猪当量，1 个猪当量的氮排泄量为 11kg，磷排泄量为 1.65kg；并分别计算各典型团场畜禽粪污氮、磷养分产生量，畜禽粪污氮、磷养分收集量，畜禽粪污氮、磷养分处理后留存率，单位猪当量粪肥氮、磷养分供给量。

2. 各典型团场畜禽粪肥氮（N）和磷（P）养分需求量

畜禽粪肥养分需求量根据土壤肥力、作物类型和产量、粪肥施用比例和粪肥当季利用效率等确定。粪肥中氮素当季利用率推荐值为 25%～30%，磷素当季利用率推荐值为 30%～35%；本文根据兵团实际情况，粪肥氮当季利用率按照 30% 取值，粪肥磷当季利用率按照 35% 取值，畜禽产生的粪污全部就地利用，有机肥替代化肥比例按照 50% 取值，并分别计算各典型团场内作物需要的氮、磷总量，区域内植物粪肥氮、磷养分需求量。

3. 区域畜禽粪污土地承载力指数

区域畜禽粪污土地承载力等于区域植物总的粪肥养分需求量除以单位猪当量粪肥养分供给量，计算得到区域理论最大养殖量（以猪当量计），计算公式如下：

$$R = \frac{NU_{r,m}}{NS_{r,a}}$$

式中：R——区域畜禽以作物粪肥养分需求为基础的最大养殖量，猪当量；

　　$NU_{r,m}$——区域内植物总的粪肥养分需求量，kg/年；

　　$NS_{r,a}$——猪当量粪肥养分供给量，kg/（猪当量·年）。

4. 区域畜禽粪污土地承载力指数

区域畜禽粪污土地承载力指数等于区域各种动物实际存栏量（以猪当量计）与区域畜禽最大养殖量（以猪当量计）之间的比值，计算公式如下：

$$I = \frac{A}{R}$$

式中：I——区域畜禽粪污土地承载力指数；

　　　　A——区域内饲养的各种动物根据猪当量换算系数，折算成猪当量的饲养总量，猪当量；

　　　　R——区域畜禽以作物粪肥养分需求为基础的最大养殖量，猪当量。

当 $I > 1$ 时，表明该区域畜禽养殖量超载，需要调减养殖量；当 $I < 1$ 时，表明该区域畜禽养殖量不超载。

（三）典型团场畜禽粪污土地承载力

1. 各典型团场养殖粪污土地承载力

（1）以氮测算各典型团场养殖粪污土地承载力。由表 7-5 可以看出，以氮测算各典型团场养殖粪污土地承载力指数在 0.016～3.016。由表 7-6 可以看出，以氮测算各典型团场养殖粪污土地承载力指数，<0.1 的有 12 个，0.1～0.2 范围内的有 10 个，在 0.2～0.3 范围内的有 7 个，0.3～0.4 范围内的有 3 个，0.4～0.5 范围内的有 3 个，0.5～0.6 范围内的有 1 个，0.6～0.8 的没有，0.8～0.9 范围内的有 1 个，0.9～1.0 范围内的有 1 个，>1 的有 1 个。其中 35 个团场养殖粪污土地承载力指数在 0.5 以下，占比 89.74%；其中 3 个团场养殖粪污土地承载力指数在 0.5～1.0，占比 7.69%；其中 1 个团场养殖粪污土地承载力指数>1，占比 2.56%。由表 7-8 可以看出，以氮测算典型团场整体畜禽粪污土地承载力指数 0.124 1（不超载），以氮测算典型团场整体土地承载量 20 461 043.9 个猪当量。

（2）以磷测算各典型团场养殖粪污土地承载力。由表 7-5 可以看出，以磷测算各典型团场养殖粪污土地承载力指数在 0.015～2.111。由表 7-7 可以看出，以磷测算各典型团场养殖粪污土地承载力指数，<0.1 的有 14 个，0.1～0.2 的有 9 个，在 0.2～0.3 的 8 个，0.3～0.4 的没有，0.4～0.5 的有 5 个，0.5～0.6 的有 1 个，0.6～0.8 的没有，0.8～0.9 的有 1 个，0.9～1.0 的没有，>1 的 1

个。其中 36 个团场养殖粪污土地承载力指数在 0.5 以下，占比 92.31％；其中 2 个团场养殖粪污土地承载力指数在 0.5～1.0 的，占比 5.13％；其中 1 个团场养殖粪污土地承载力指数＞1，占比 2.56％。由表 7-8 可以看出，以磷测算典型团场整体畜禽粪污土地承载力指数 0.110 0（不超载），以磷测算典型团场整体土地承载量 23 072 501.7 个猪当量。

总体来看，测定中绝大部分典型团场未来发展养殖的潜力非常大。典型团场整体最大承载量 20 461 043.9 个猪当量，整体未来可增加承载量 17 922 823.0 个猪当量。

表 7-5　各典型团场畜禽粪污土地承载力测定结果

序号	团场名称	承载力指数（N）	承载力指数（P）	区域内可增加承载量（猪当量）	结果判定
1	10 团	0.016	0.015	1 779 427	不超载
2	14 团	0.122	0.108	398 379	不超载
3	22 团	0.424	0.494	57 543	不超载
4	29 团	0.113	0.111	1 282 384	不超载
5	44 团	0.024	0.018	919 668	不超载
6	51 团	0.027	0.023	1 228 374	不超载
7	64 团	0.146	0.133	331 377	不超载
8	66 团	0.411	0.405	117 456	不超载
9	68 团	0.114	0.083	191 504	不超载
10	77 团	0.201	0.197	399 027	不超载
11	81 团	0.118	0.103	271 438	不超载
12	89 团	0.049	0.045	724 545	不超载
13	90 团	0.127	0.114	256 530	不超载
14	102 团	0.041	0.039	606 663	不超载
15	芳草湖农场	0.064	0.052	1 429 477	不超载
16	共青团农场	0.200	0.163	462 008	不超载
17	奇台农场	0.060	0.070	725 398	不超载
18	123 团	0.168	0.177	398 783	不超载
19	124 团	0.099	0.079	594 405	不超载
20	130 团	0.064	0.052	848 498	不超载
21	142 团	0.089	0.072	1 294 735	不超载
22	143 团	0.216	0.200	444 861	不超载

（续）

序号	团场名称	承载力指数（N）	承载力指数（P）	区域内可增加承载量（猪当量）	结果判定
23	144 团	0.122	0.118	741 141	不超载
24	石河子总场	0.264	0.259	514 052	不超载
25	161 团	0.116	0.091	618 324	不超载
26	165 团	0.802	0.543	23 114	不超载
27	团结农场	0.347	0.435	50 657	不超载
28	181 团	0.320	0.432	84 887	不超载
29	182 团	0.117	0.220	83 755	不超载
30	188 团	0.975	2.111	−62 285	超载
31	5 团	0.289	0.262	231 138	不超载
32	47 团	0.419	0.407	17 595	不超载
33	104 团	3.016	0.900	−28 231	超载
34	222 团	0.040	0.040	386 650	不超载
35	五一农场	0.598	0.203	13 291	不超载
36	红山农场	0.287	0.291	164 294	不超载
37	红星农场	0.249	0.208	87 997	不超载
38	黄田农场	0.326	0.210	95 422	不超载
39	224 团	0.084	0.066	176 758	不超载

表 7-6 典型团场粪污土地承载力区间团场数量

单位：个

指数区间	<0.1	0.1~0.2	0.2~0.3	0.3~0.4	0.4~0.5	0.5~0.6	0.6~0.7	0.7~0.8	0.8~0.9	0.9~1.0	>1
团场数	12	10	7	3	3	1	0	0	1	1	1
北疆团场数	8	8	6	3	1	1	0	0	1	1	1
南疆团场数	4	2	1	0	2	0	0	0	0	0	0

表 7-7 典型团场粪污土地承载力区间团场数量

单位：个

指数区间	<0.1	0.1~0.2	0.2~0.3	0.3~0.4	0.4~0.5	0.5~0.6	0.6~0.7	0.7~0.8	0.8~0.9	0.9~1.0	>1
团场数	14	9	8	0	5	1	0	0	1	0	1
北疆团场数	9	7	7	0	3	1	0	0	1	0	1
南疆团场数	5	2	1	0	2	0	0	0	0	0	0

表 7-8　典型团场整体土地承载力测定结果

指标	测定结果
以氮测算区域畜禽粪污土地承载力指数	0.124 1（不超载）
以磷测算区域畜禽粪污土地承载力指数	0.110 0（不超载）
以氮测算土地承载量（猪当量）	20 461 043.9
以磷测算土地承载量（猪当量）	23 072 501.7
最大承载量（猪当量）	20 461 043.9
可增加承载量（猪当量）	17 922 823.0

2. 兵团南北疆典型团场养殖粪污土地承载力

本项目选择的兵团北疆地区典型团场 30 个、南疆地区典型团场 9 个，由表 7-9 和表 7-10 可以看出，以氮测算北疆地区团场畜禽粪污土地承载力指数为 0.149 5（不超载），南疆地区团场畜禽粪污土地承载力指数为 0.072 1（不超载）；以磷测算北疆地区团场畜禽粪污土地承载力指数为 0.133 5（不超载），南疆地区团场畜禽粪污土地承载力指数为 0.063 6（不超载）。从养殖粪污土地承载力角度分析，说明南疆地区团场比北疆地区团场的养殖空间更大。

由表 7-9 和表 7-10 还可以看出，北疆地区团场平均以氮测算土地承载量 458 163.8 个猪当量，南疆地区团场平均以氮测算土地承载量 745 013.5 个猪当量，南疆团场大于北疆团场；北疆地区团场平均以磷测算土地承载量 513 249.9 个猪当量，南疆地区团场平均以磷测算土地承载量 843 779.0 个猪当量，南疆团场大于北疆团场。北疆地区团场平均区域最大承载量 458 163.8 个猪当量，南疆地区团场平均区域最大承载量 745 013.5 个猪当量，南疆团场大于北疆团场。北疆地区团场平均未来可增加承载量 389 668.3 个猪当量，南疆地区团场平均未来可增加承载量 691 307.3 个猪当量，南疆团场大于北疆团场。从养殖粪污土地承载力角度分析，进一步说明南疆地区团场比北疆地区团场的养殖空间更大。

表 7-9　北疆典型团场土地承载力测定结果

指标	测定结果
以氮测算区域畜禽粪污土地承载力指数	0.149 5（不超载）
以磷测算区域畜禽粪污土地承载力指数	0.133 5（不超载）
平均以氮测算团场土地承载量（猪当量）	458 163.8

（续）

指标	测定结果
平均以磷测算团场土地承载量（猪当量）	513 249.9
平均团场最大承载量（猪当量）	458 163.8
平均团场可增加承载量（猪当量）	389 668.3

表 7 - 10　南疆典型团场土地承载力测定结果

指标	测定结果
以氮测算区域畜禽粪污土地承载力指数	0.072 1（不超载）
以磷测算区域畜禽粪污土地承载力指数	0.063 6（不超载）
平均以氮测算团场土地承载量（猪当量）	745 013.5
平均以磷测算团场土地承载量（猪当量）	843 779.0
平均团场最大承载量（猪当量）	745 013.5
平均团场可增加承载量（猪当量）	691 307.3

3. 兵团近郊团场养殖粪污土地承载力

本研究对兵团 12 个城郊环境敏感团场养殖粪污土地承载力进行了测定，从表 7 - 11 可以看出，以氮测算城郊环境敏感团场畜禽粪污土地承载力总指数为 0.099 2（不超载），以磷测算城郊环境敏感团场畜禽粪污土地承载力总指数为 0.090 9（不超载）。平均以氮测算团场土地承载量 671 040.9 个猪当量，平均以磷测算团场土地承载量 732 581.1 个猪当量，平均团场最大承载量 671 040.9 个猪当量，平均团场可增加承载量 604 465.3 个猪当量。但是表 7 - 5 可以看到 188 团以磷测算承载力指数达到了 2.111＞1，104 团以氮测算承载力指数达到了 3.016＞1，2 个团场均超载。这也进一步说明兵团区域土地承载力测定应以近郊团境敏感团场和养殖大团为重点。

表 7 - 11　兵团近郊环境敏感团场土地承载力测定结果

指标	测定结果
以氮测算区域畜禽粪污土地承载力指数	0.099 2（不超载）
以磷测算区域畜禽粪污土地承载力指数	0.090 9（不超载）
平均以氮测算团场土地承载量（猪当量）	671 040.9
平均以磷测算团场土地承载量（猪当量）	732 581.1
平均团场最大承载量（猪当量）	671 040.9
平均团场可增加承载量（猪当量）	604 465.3

（四）关于畜禽粪污土地承载力测定的思考

1. 关于畜禽粪污土地承载力测算方法

前人对畜禽粪污土地承载力（或者叫农田负荷）都是按照单位面积能够消纳畜禽粪便总量以及粪肥氮和磷的限量等进行估算的。一般参考农田能够负荷的畜禽粪便为 $30\sim45t/hm^2$，以最低限度 $30t/hm^2$ 为最大理论适宜量，粪肥年施氮的限量标准为 $170kg/hm^2$，粪肥年施磷量限量标准为 $35kg/hm^2$。如 2010 年山东侯世忠等、2011 年江苏黄红英等、2012 年西安赵串串等、2014 年成都黄凤霞等，本研究按照董红敏等的测算方法，考虑到了作物种类、产量以及土壤营养状况，同时考虑了畜禽粪污的收集率、不同处理工艺下的存留率、粪肥当季利用率和粪肥替代化肥比例等，因此从测算方法来说更加精准和切合实际，也更加具有指导意义。

2. 对区域畜禽粪污土地承载力测定的全面认识

区域畜禽粪污土地承载力测定，其最终目的是宏观掌握和评价地区内种植单元对养殖单元粪污的承载消纳能力，间接反映当地畜禽饲养密度与布局的合理性，如果畜禽粪肥排放量超过土地可承受的最大水平，土壤就会富营养化，对环境产生负面影响。另外，本研究计算的承载指数是地区的平均值，区域畜禽粪污土地承载力不超载，不能完全说明该地区内的所有土地承载力均不超载，由于区域内局部地区集中养殖、配套土地面积不足等原因，而导致局部超载的现象较为常见。所以，只有区域内各规模养殖场（合作社）等配套的土地面积才能满足对养殖粪污的承载，才可保证本区域内畜禽粪污土地承载力完全不超载。由此可见，重视区域内各规模化养殖场（合作社）土地承载力的测定工作，以及科学配套消纳土地的面积更加重要。

3. 超载团场原因分析与对策

兵团 12 个典型团场，其中紧邻乌鲁木齐市的第十二师 104 团和近邻北屯市的第十师 188 团 2 个近郊团场承载力超载。由于城郊团场具有距城市消费市场近、交通便利、信息畅通、科技水平高等许多有利于畜牧业发展要素聚集的条件，所以畜牧业相对发达，但同时由于城市的不断扩展、城郊农田被征用、种植面积压缩等，致使养殖粪污土地承载力超载。超载严重团场必须减少养殖量以及在邻近不超载地区消纳粪污。另外，可以通过优化种植结构，提高植物单位面积产量，在一定程度上提升区域植物粪肥养分需求量；也可以通过优化养殖结构，减少粪污排放量大的畜禽养殖规模，减少粪污的产生量。

4. 新疆兵团典型团场畜禽粪污土地承载力结论

通过对兵团39个典型农牧团场2019年度养殖粪污土地承载力测算与评估，结果表明，以氮测算各典型团场畜禽粪污土地承载力指数在<0.5的有35个团场，占比89.74%；指数在0.5～1.0的有3个团场，占比7.69%；指数>1的有1个团场，占比2.56%。以磷测算各典型团场养殖粪污土地承载力指数<0.5的有36个团场，占比92.31%；指数在0.5～1.0的有2个团场，占比5.13%；指数>1的有1个团场占比2.56%。超载团场有2个，占比5.13%，均为近郊环境敏感团场；不超载团场37个，占比94.87%。兵团39个典型团场整体最大承载量2 046×10⁴猪当量，整体未来可增加承载量1 792×10⁴猪当量。研究表明，从畜禽粪污土地承载力来看，兵团大部分团场未来发展养殖的潜力非常大，南疆团场比北疆团场的养殖发展潜力更大，但兵团近郊环境敏感团场和养殖大团的畜禽养殖结构调整工作亟须进行。

三、新疆生产建设兵团畜牧业高质量发展规划资源环境承载力

目前，我国经济已进入转型升级、供给侧改革的新阶段，经济逐步由高速增长阶段转向高质量发展阶段，在面临日益严峻的资源环境约束的情况下，畜牧业同样从数量扩张的快车道转向经济效益、生态效益、社会效益并重的高质量绿色发展道路。畜牧业高质量发展以融入现代科技创新和革新现代经营的方式，充分考虑资源环境承载，实现资源节约、环境友好的畜牧业高效、可持续发展。

新疆生产建设兵团地处我国西北地区，是特殊的地理分布特征与党政军企合一的组织，耕地面积105.71×10⁴hm²，东西和南北相距各1 500km，由14个师（13个农业师）、175农牧团场组成，分布在天山南北的塔克拉玛干、古尔班通古特两大沙漠边缘和自然环境恶劣的边境沿线。畜牧业是新疆生产建设兵团的传统基础产业和特色优势产业，是农业的重要组成部分，是团场经济的重要支柱，在保障食物安全、繁荣农村经济、促进农牧民增收等方面发挥着重要作用，是全面实施乡村振兴的核心产业，也是加快构建新发展格局的战略支撑。

为明确"十四五"期间兵团畜牧业的发展目标与重点任务，突出兵团"十四五"畜牧业发展规划的指导性和统领性，进一步加快推进兵团畜牧业高质量快速发展，本文作者分别从饲草料供给、水资源供给和畜禽粪污土地承载力3个方面对兵团及兵团各师未来畜牧业发展资源环境承载力进行了深入研究，为进一步推进种养结合与农牧循环、构建环境友好型畜牧业、建立畜牧业可持续

发展新格局提供重要的技术和理论支撑。

（一）承载力分析

1. 饲草料资源承载力分析

（1）未来畜禽计划存出栏情况统计。通过新疆生产建设兵团农业农村局以及下属各师市农业农村局提供的 2025 年畜牧业畜禽计划存出栏数，为了方便估算年草料消耗量，奶牛、肉牛、肉羊、猪、蛋鸡取其存栏量（养殖周期超过 1 年），肉鸡取其出栏量（养殖周期不超过 1 年）估算年草料消耗量，汇总后得到表 7 - 12。

表 7 - 12　兵团各师主要畜禽存栏情况

单位：万头（只）

单位	奶牛存栏量		肉牛存栏量		猪存栏量		肉羊存栏量		蛋鸡存栏量		肉鸡出栏量	
	2025 年	2020 年	2025 年	2020 年	2025 年	2020 年	2025 年	2020 年	2025 年	2020 年	2025 年	2020 年
第一师	3.0	2.86	0.80	0.78	80.0	20.55	25.0	25.30	35.0	33.95	280	135.00
第二师	0.9	0.83	0.80	0.76	35.0	31.83	33.0	23.58	235.4	68.39	370	149.69
第三师	0.8	0.79	1.30	1.29	4.4	4.36	38.0	37.16	20.0	18.27	200	105.87
第四师	5.6	5.52	7.00	6.19	23.0	13.80	54.0	45.71	116.7	116.64	400	323.25
第五师	0.5	0.48	2.00	1.96	65.0	14.98	15.0	14.59	105.6	70.08	200	143.42
第六帅	2.0	1.34	5.00	3.69	40.0	49.56	50.0	40.55	205.6	228.30	1 500	951.54
第七师	5.0	3.95	4.30	2.28	30.0	15.68	40.0	33.59	100.0	74.13	750	402.91
第八师	10.0	7.17	6.00	1.71	70.0	58.18	21.0	20.99	177.8	125.12	3 200	813.09
第九师	1.0	0.94	7.20	3.84	2.7	2.70	85.0	60.49	20.0	18.25	200	92.04
第十师	0.7	0.65	3.50	2.67	3.5	3.46	25.0	23.35	25.0	23.23	200	95.49
第十二师	1.5	0.99	0.41	0.35	49.9	1.47	5.7	5.58	10.0	5.10	400	36.31
第十三师	0.1	0.08	1.15	1.15	12.2	12.05	25.0	21.09	35.0	33.70	240	115.68
第十四师	0	0	0.30	0.31	1.1	1.01	14.5	14.28	25.0	21.50	60	27.03
兵　团	31.6	25.70	39.76	26.98	406.8	229.63	431.2	366.26	1 111.1	836.66	8 000	3 391.41

（2）畜禽日粮需要的草料量参数。根据新疆地区目前奶牛、肉牛、肉羊、生猪、蛋鸡、肉鸡 6 个畜禽品种的养殖现状，主要饲草料原料种类有苜蓿、玉米青贮、秸秆等粗饲料，精饲料主要包括玉米和棉粕。以新疆地区目前中等自繁自养规模养殖场每日平均主要饲草料原料需要量及经验值为折算参数，得出表 7 - 13。

表 7 – 13　畜禽日粮所需主要饲草料原料量

畜种	干物质 (kg/天)	苜蓿 (kg/天)	玉米青贮 (kg/天)	秸秆等 (kg/天)	精饲料 (kg/天)	玉米占精饲料 (%)	棉粕占精饲料 (%)
奶牛	14.85	3.5	15	—	8.00	55	10.0
肉牛	12.00	—	10	6	4.00	65	15.0
肉羊	1.82	—	2	1	0.35	60	15.0
生猪	1.72	—	—	—	2.00	60	7.5
蛋鸡	0.13	—	—	—	0.15	60	5.0
肉鸡	0.11	—	—	—	肉料比 2∶1	65	5.0

注：奶牛、肉牛酒糟、糖渣、番茄皮渣 2kg，肉羊 0.3kg。

（3）未来需要的主要饲草料量。通过表 7 – 12 和表 7 – 13，计算整理出各师 2025 年全年苜蓿、玉米青贮、秸秆、精饲料及精饲料中的玉米和棉粕的需要量，即表 7 – 14。

表 7 – 14　2025 年度各师需要主要饲草料量

单位：t

单位	苜蓿	玉米青贮	秸秆	精饲料	精饲料中玉米	精饲料中棉粕
第一师	38 325	375 950	108 770	745 580	444 112	60 621
第二师	11 498	319 375	137 970	479 299	287 589	37 050
第三师	10 220	368 650	167 170	141 955	85 354	15 821
第四师	71 540	956 300	350 400	582 498	347 233	58 617
第五师	6 388	209 875	98 550	603 279	363 097	47 593
第六师	137 970	2 230 150	862 860	2 552 611	1 527 385	219 702
第七师	63 875	722 700	240 170	563 630	335 517	52 345
第八师	127 750	919 800	208 050	1 142 773	681 844	95 956
第九师	12 775	938 050	467 930	281 568	173 137	37 402
第十师	8 304	345 838	167 900	149 255	91 559	17 354
第十二师	18 779	137 058	29 784	441 937	264 115	34 677
第十三师	1 278	229 950	116 435	169 470	102 856	15 719
第十四师	0	116 800	59 495	47 021	28 552	4 842
兵团	508 702	7 870 496	3 015 484	7 900 876	4 732 350	697 699

（4）优质饲草及精饲料原料承载力分析。根据 2020 年兵团年鉴，查找出 2019 年度各师苜蓿、玉米产量并推算出棉粕产量，根据各师提供资料可以统计青贮玉米产量，并与 2025 年度畜禽需要量进行对比。

（5）秸秆等粗饲料原料承载力分析。根据 2020 年兵团年鉴，查找出 2019 年度各师产秸秆等粗饲料的主要作物种类、面积及产量，分别统计了小麦秸秆、玉米秸秆、稻草秸秆、大麦秸秆、甜菜渣、棉壳、机采棉的叶及细枝，以及其他副产品（豆类、薯类、油料、瓜果类、打瓜籽）共 8 种主要粗饲料的产量，并与 2025 年度畜禽需要量进行对比。

秸秆通常指小麦、水稻、玉米、薯类、油料、棉花和其他农作物在收获籽实后剩余的部分。按照 1kg 稻米可产生 1.5kg 稻草，1kg 小麦可产生 1.5kg 麦秸，1kg 玉米可产生 4kg 玉米秸秆，1kg 大麦可产生 1.5kg 麦秸。日加工甜菜 4 500t，日产甜菜颗粒粕 260t（5.8％）。其他副产品主要包括豆类、薯类、油料、瓜果类、打瓜籽；按照 4kg 产量产 1kg 秸秆估算。

新疆地区 10t 籽棉，可产 4t 皮棉、6t 棉籽。1t 棉籽可产 3 级棉清油 0.15t 左右，棉粕 0.43t 左右，短绒 0.12t 左右，棉壳 0.3t 左右。机采棉分选后棉叶及细枝有 3kg/亩，筛去细土等，可用于养殖的秸秆有 2kg/亩。

2. 畜禽养殖水资源承载力分析

（1）畜禽用水量估算参数。在新疆地区气候条件下，目前中等自繁自养规模养殖场平均饮水需要量与干物质和精料比值（经验值）为折算参数，得出表 7 - 15。

表 7 - 15　畜禽所需饮水量

畜种	饮水需要量（kg）	备注
奶牛	水/干物质＝2.5/1	
肉牛	水/干物质＝2.5/1	
肉羊	水/干物质＝2.5/1	
猪	水/精料＝2/1	2kg/天
蛋鸡	水/精料＝2/1	0.15kg/天
肉鸡	水/精料＝2/1	4kg/只

（2）畜禽用水量分析。根据 2020 年度兵团年鉴，通过 2019 年畜禽实际存出栏量计算所需用水量，根据 2025 年牲畜计划存出栏量（表 7 - 12）计算预期所需用水量，水的损耗在原基础上再增加 20％，并根据各师目前饮用水资源具体情况进行比较分析。

3. 畜禽粪污土地承载力分析

（1）畜禽粪便排泄系数及其中的养分含量。畜禽粪便排泄系数及其中的养分含量见第二章表 2-1。

（2）作物种植面积与产量。本研究中兵团作物种植面积与产量数据来源于《兵团统计年鉴（2020年）》公布的统计资料，数据截止时间为 2019 年年底，由此确定 2019 年兵团各师水稻、小麦、玉米、大麦、豆类、薯类、油料、棉花、甜菜、蔬菜、瓜果类、打瓜籽、苜蓿的种植面积和产量。2019 年兵团农作物播种面积为 138.49 万 hm²。

（3）主要农作物形成 100kg 经济产量所需的氮、磷量。主要农作物形成 100kg 经济产量所需的氮、磷量见第四章表 4-1。

（4）畜禽粪污土地承载力分析。根据 2025 年牲畜存出栏量（表 7-12），并按照农业农村部畜禽养殖土地承载力计算方法，计算出兵团各师畜禽粪污最终可用于还田的氮（N）、磷（P）产生量。同时从 2020 年年鉴得到 2019 年各师种植品种与总产量，根据表 7-15 数据，按照农业农村部畜禽养殖土地承载力计算方法，计算出兵团各师农田有机肥中氮（N）、磷（P）的消纳量，并进行对比分析。

（二）计算方法

饲草料资源承载力分析与畜禽养殖水资源承载力分析，畜禽粪污土地承载力分析数据处理采用"畜禽粪污土地承载力测评系统"专业软件测算。

（三）计算结果

1. 饲草资源承载力

（1）优质饲草供需。从表 7-16 得知，按照 2025 年全兵团牲畜计划养殖量，苜蓿缺口为 19.29 万 t，按照 0.6t/亩估算，需要种植苜蓿面积为 32.15 万亩；同样按照 2025 年全兵团牲畜计划养殖量，则玉米青贮缺口 687.07 万 t，按照 4t/亩估算，需要种植玉米青贮面积为 171.78 万亩；2025 年度全兵团需要苜蓿和青贮玉米的种植面积合计为 203.93 万亩，才能满足目标养殖量所需的优质饲草供给量；未来苜蓿种植面积需要在现有基础上提高 1.6 倍，玉米青贮的种植面积需要在现有基础上提高 7.9 倍，可见未来提高玉米青贮的种植面积是关键。从各师具体情况来看，有 8 个师的苜蓿种植面积可以满足未来牲畜发展所需要的供给量，但还有 5 个师的苜蓿种植面积不能满足未来牲畜发展所需的供给量，特别是第四师、六师和八师缺口较大，缺口分别达到了 4.27 万 t、11.63 万 t 和 10.03 万 t，未来分别需要种植 7.12 万亩、19.38 万亩和 16.72

万亩苜蓿，才能满足需要。从各师具体情况来看，13个师玉米青贮种植面积均不能满足未来牲畜发展所需要的供给量，特别是第四师、六师、七师、八师和九师缺口较大，缺口分别达到了82.98万t、203.54万t、62.70万t、72.88万t和90.43万t，未来分别需要种植20.75万亩、50.89万亩、15.68万亩、18.22万亩和22.61万亩玉米青贮，才能满足需要。

（2）精饲料原料供需。从表7-16得知，按照2025年全兵团牲畜计划养殖量，玉米缺口为337.04万t，按照0.858t/亩估算，玉米种植面积需要392.82万亩，未来玉米种植面积需要在现有基础上提高2.47倍；同样按照2025年全兵团牲畜计划养殖量，棉粕没有缺口，且盈余60.99万t。从各师具体情况来看，有2个师的玉米种植面积可以满足未来牲畜发展所需要的供给量，但还有11个师的玉米种植面积不能满足未来牲畜发展所需要的供给量，特别是第一师、二师、五师、六师、七师、八师和十二师缺口较大，缺口分别达到了37.56万t、24.96万t、20.52万t、132.86万t、31.26万t、59.1万t和25.93万t，未来分别需要种植43.78万亩、29.09万亩、23.92万亩、154.85万亩、36.43万亩、68.88万亩和30.22万亩玉米，才能满足需要。从各师具体情况来看，有7个师棉花种植副产品中的棉粕，可以满足未来牲畜发展所需要的供给量，但还有5个师不能满足未来牲畜发展所需要的供给量，特别是四师、六师、九师和十二师缺口较大，缺口分别达到了4.28万t、4.36万t、3.74万t和3.13万t，按照全兵团皮棉平均产量155.6kg/亩换算，得知棉粕平均产量100.36kg/亩，按此估算，未来分别需要种植42.65万亩、43.44万亩、37.27万亩和31.19万亩棉花，才能满足需要。

表7-16　优质饲草与精饲料原料供需估算对比表

| 单位 | 苜蓿 | | | 玉米青贮 | | | 玉米 | | | 棉粕 | | |
	2025年需要量（万t）	2019年种植量（万t）	2025年种植面积（万亩）	2025年需要量（万t）	2019年种植量（万t）	2025年种植面积（万亩）	2025年需要量（万t）	2019年种植量（万t）	2025年种植面积（万亩）	2025年需要量（万t）	2019年种植量（万t）	2025年种植面积（万亩）
第一师	3.83	2.56	2.12	37.6	6.10	7.88	44.41	6.85	43.78	6.06	23.45	-173.28
第二师	1.15	0.60	0.92	31.94	15.00	4.24	28.76	3.80	29.09	3.71	7.27	-35.47
第三师	1.03	7.63	-11.00	36.87	1.17	8.93	8.54	3.15	6.28	1.58	11.18	-95.66
第四师	7.15	2.88	7.12	95.63	12.65	20.75	34.72	45.61	-12.69	5.86	1.58	42.65
第五师	0.64	1.15	-0.85	20.99	2.00	4.75	36.31	15.79	23.92	4.76	7.57	-28.00

（续）

单位	苜蓿			玉米青贮			玉米			棉粕		
	2025年需要量（万t）	2019年种植量（万t）	2025年种植面积（万亩）	2025年需要量（万t）	2019年种植量（万t）	2025年种植面积（万亩）	2025年需要量（万t）	2019年种植量（万t）	2025年种植面积（万亩）	2025年需要量（万t）	2019年种植量（万t）	2025年种植面积（万亩）
第六师	13.80	2.17	19.38	223.02	19.48	50.89	152.74	19.88	154.85	21.97	17.61	43.44
第七师	6.39	0.93	9.10	72.27	9.57	15.68	33.55	2.29	36.43	5.23	20.15	−148.66
第八师	12.78	2.75	16.72	91.98	19.10	18.22	68.18	9.08	68.88	9.60	38.45	−287.47
第九师	1.28	7.55	−10.45	93.81	3.38	22.61	17.31	26.19	−10.35	3.74	0	37.27
第十师	0.84	1.85	−1.68	34.58	5.55	7.26	9.16	2.54	7.72	1.74	0.87	8.67
第十二师	1.88	0.64	2.07	13.71	2.25	2.87	26.41	0.48	30.22	3.47	0.34	31.19
第十三师	0.13	0.13		23.00	2.00	5.25	10.29	0.04	11.95	1.57	2.24	−6.68
第十四师	0	0.74	−1.23	11.68	1.73	2.49	2.86	0.50	2.75	0.48	0.05	4.28
兵团	50.87	31.58	32.15	787.08	99.98	171.78	473.24	136.20	392.82	69.77	130.76	−607.71

（3）秸秆等主要粗饲料原料供需。从表7-17得知，按照2025年全兵团牲畜计划养殖量，秸秆等主要粗饲料原料没有缺口，且有盈余169.63万t，盈余56.25%。从各师具体情况来看，有10个师秸秆等主要粗饲料原料可以满足未来牲畜发展所需要的供给量，但还有3个师秸秆等主要粗饲料原料不能满足未来牲畜发展所需要的供给量，分别是六师、十师和十三师，缺口分别达到了10.75万t、5.60万t和1.18万t。

表7-17　秸秆等主要粗饲料原料供需估算对比表

单位：万t、%

单位	2019年度能提供秸秆等饲料量									2025年需要秸秆等	差值	比值
	机采棉棉叶及细枝	棉壳	稻草	小麦秸秆	玉米秸秆	大麦秸秆	甜菜渣	其他*	合计			
第一师	4.65	16.36	13.76	1.23	10.85	0	0.02	0.83	47.70	10.88	36.82	438
第二师	1.41	5.07	0.62	4.59	7.80	0	0.49	0.59	20.57	13.80	6.77	149
第三师	2.24	7.80	0.06	1.02	7.15	0	0.22	5.07	23.56	16.72	6.84	141
第四师	0.33	1.10	12.95	28.28	49.61	1.67	2.38	3.92	100.24	35.04	65.20	286
第五师	1.56	5.28		3.96	19.79	0	0.44	0.30	31.33	9.86	21.47	318

（续）

| 单位 | 2019 年度能提供秸秆等饲料量 | | | | | | | | | 2025 年需要秸秆等 | 差值 | 比值 |
	机采棉棉叶及细枝	棉壳	稻草	小麦秸秆	玉米秸秆	大麦秸秆	甜菜渣	其他*	合计			
第六师	3.64	12.29	0.27	26.67	23.88	0	1.03	7.76	75.54	86.29	−10.75	88
第七师	4.01	14.06	0	2.96	6.29	0	0.24	1.34	28.90	24.02	4.88	120
第八师	7.47	26.83	0.09	4.94	13.08	0	0.38	4.66	57.45	20.81	36.64	276
第九师	0.00	0	0	16.13	30.19	0.06	2.92	1.26	50.56	46.79	3.77	108
第十师	0.18	0.61	0	0.38	6.54	0	0.39	3.09	11.19	16.79	−5.60	67
第十二师	0.09	0.23	0	0.02	4.00	0	0.08	1.09	5.51	2.98	2.53	185
第十三师	0.46	1.57	0.08	0.83	4.48	0	0	3.04	10.46	11.64	−1.18	90
第十四师	0.01	0.04	0	3.27	4.04	0.18	0	0.52	8.06	5.95	2.11	135
兵　团	26.06	91.24	27.83	94.28	187.70	1.91	8.60	33.58	471.20	301.57	169.63	156

注：* 其他主要包括豆类、薯类、油料、瓜果类、打瓜籽。

2. 畜禽养殖水资源承载力

通过表 7-12、表 7-13 和表 7-15，可以计算出不同团场 2020 年度和 2025 年度所需要的饮水量，查找各师年度饮水量或者和生活用水量，查找各师饮用水供给潜力。总体来说，2025 年畜禽饮用水需要量兵团及各师都有不同程度的增长。从增长率来看，全兵团 2025 年畜禽饮用水需要量在 2020 年的基础上需要增长 39.63%；其中十二师增长率最大，饮用水需要量在 2020 年的基础上需要增长 294.94%；五师、一师、九师、七师、八师、二师增长率依次需要提高 99.87%、74.92%、61.05%、45.74%、39.05%、33.92%，均超过了 2020 年度用水量的 1/3；六师增长率最小，饮用水需要量在 2020 年的基础上需要增长 9.11%。从增长量上来看，全兵团 2025 年畜禽饮用水需要量在 2020 年的基础上需要增长 563.41 万 t；其中八师增长量最大，饮用水需要量在 2020 年的基础上需要增长 88.52 万 t；一师、九师、十二师、五师、七师、四师和二师增长量依次需要增长 80.04 万 t、76.64 万 t、71.76 万 t、69.47 万 t、63.82 万 t、38.68 万 t 和 34.3 万 t，均超过了 30 万 t 以上；十四师增长幅度最小，饮用水需要量在 2020 年的基础上需要增长 3.62 万 t（图 7-1）。

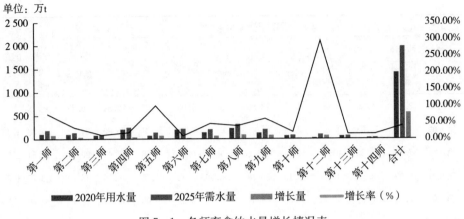

单位: 万t

图 7-1 各师畜禽饮水量增长情况表

3. 畜禽粪污土地承载力

通过表 7-12、表 7-13 及表 7-16 产量递增幅度，可以测算出 2025 年兵团各师畜禽粪污氮和磷的土地承载力情况（表 7-18）。从全兵团来看，以氮测算承载力指数为 0.3（<1），以磷测算承载力指数为 0.22（<1），均不超载；兵团达到 2025 年计划养殖量后，仍可增加 3 053 万个猪当量（即再增长 2025 年养殖猪当量的 2.33 倍）才能达到畜禽粪污土地承载力的平衡，可以预见未来兵团畜禽养殖的土地消纳粪污能力潜力很大。13 个师中只有第十二师超载，以氮测算承载力指数为 4.90（>1），以磷测算承载力指数为 3.26（>1），均严重超载。13 个师中有 12 个师不超载，以氮测算承载力指数为 0.18~0.65（<1），以磷测算承载力指数为 0.15~0.70（<1），均不超载，且发展空间仍较大。

表 7-18　2025 年度兵团各师畜禽粪污土地承载力测定结果

单位	承载力指数 （以氮测算）	承载力指数 （以磷测算）	区域内可增加承载量 （猪当量）	结果判定
第一师	0.18	0.15	5 762 320.38	不超载
第二师	0.37	0.27	1 396 219.42	不超载
第三师	0.09	0.06	4 056 482.48	不超载
第四师	0.30	0.30	2 881 885.17	不超载
第五师	0.53	0.31	837 669.92	不超载
第六师	0.26	0.20	4 482 901.90	不超载

（续）

单位	承载力指数 （以氮测算）	承载力指数 （以磷测算）	区域内可增加承载量 （猪当量）	结果判定
第七师	0.21	0.18	4 831 278.33	不超载
第八师	0.35	0.24	5 692 758.01	不超载
第九师	0.31	0.26	1 671 793.83	不超载
第十师	0.26	0.24	1 094 486.13	不超载
第十二师	4.90	3.26	−634 755.17	超载
第十三师	0.45	0.32	452 579.33	不超载
第十四师	0.65	0.70	48 654.83	不超载
兵 团	0.30	0.22	30 533 692.88	不超载

（四）承载力分析

1. 优质饲草供需分析

新疆生产建设兵团地处祖国西北边陲，地域分散，作为反刍动物养殖所必需的优质饲草（苜蓿和青贮玉米）必须满足。通过预测兵团 2025 年度牛羊养殖量，进一步测算苜蓿及玉米青贮需要量，核算全兵团在 2020 年基础上还需要种植 200 万亩左右的苜蓿及玉米青贮才能满足牛羊养殖发展的需要，在未来"十四五"畜牧业发展规划中必须落实分解苜蓿及玉米青贮种植指标。近两年，优质牧草市场价格持续走高，苜蓿干草和玉米青贮市场价格分别从 2018 年的 1.3 元/kg 和 0.2 元/kg 增至 2021 年的 2.2 元/kg 和 0.35 元/kg，加上兵团牧草种植补贴政策的实施，能够保证未来牛羊发展对优质牧草的需要。但作为经济作物棉花主产区的六师需要增加 70 万亩左右的苜蓿及玉米青贮种植面积才能满足未来发展需要，难度较大，建议在进行"十四五"畜牧业规划时，一定要核定未来粮改饲和经改饲的面积，科学设定未来牛羊养殖量。

2. 精饲料原料供需分析

玉米作为新疆地区最主要的畜禽精饲料原料，占比一般在 50%～65%。新疆地区作为全国玉米主产区，玉米常年种植面积稳定在 1 000 万亩，总产量 858.37 万 t，新疆地区玉米产量过剩，常年外调。兵团未来玉米缺口为 337.04 万 t，需要新增种植玉米 392.82 万亩才能满足需要，所以要全部依靠兵团内部来种植玉米发展畜牧业，从比较效益来说是得不偿失。未来首先可以通过购买附近自治区地方种植的玉米，满足养殖需要；另外，还可以利用自身种植的小麦、大麦、高粱等替代玉米部分用量，以满足对玉米的需要量。从各师情况来看，六师玉米缺口达到 132.86 万 t，需要新增种植玉米面积达到 154.85 万亩，而目前该师只有 285.58 万亩耕地，所以需要降低养殖量。

目前，兵团虽然有 5 个师棉粕自身供给不足，但是未来全兵团棉粕供给充足，且盈余 60.99 万 t，目前供给量是未来需求量的 1.87 倍；另外，非植棉区可以利用部分菜粕、葵粕等蛋白类饲料替代部分棉粕，所以除必须外调的豆粕以外，未来地产饼粕类饲料可以满足畜禽发展的需要。

3. 秸秆等主要粗饲料原料供需

按照 2025 年全兵团肉牛和肉羊计划养殖量，秸秆等主要粗饲料原料没有缺口，且有盈余 169.63 万 t，盈余 56.25%，所以总体秸秆等主要粗饲料原料供给量可以满足发展的需要。从各师分析，缺口最大的十师，缺口达 5.6 万 t，只能达到需要量的 67%，但目前该师的瓜果、蔬菜等其他农作物副产品来源丰富，基本可以满足未来发展的需要。未来各师要重视秸秆的收集储存和加工利用工作，逐步提高收获率，变废为宝，实现农牧业循环发展。

4. 水资源承载力分析

新疆年平均降水量 147mm，年平均径流深度 48mm，年蒸发能力 1 000mm，干旱指数达 7 左右，是我国最干旱的内陆区，属水资源紧缺地区，单位面积产水量在全国为倒数第三位，人口缺水率为 15.6%，牧畜缺水率为 24.3%。水资源已成为制约新疆和兵团经济发展的瓶颈。2019 年新疆兵团引水量 115.96 亿 m^3，其中地表水 96.61 亿 m^3，地下水 19.17 亿 m^3，其他水资源 0.18 亿 m^3；水库数量 114 座，库容 33.83 亿 m^3；城乡集中供水工程 1 004 处，农村分散式供水工程 1 270 处；全兵团总灌溉面积 1 671.97×$10^3 hm^2$，节水灌溉面积 1 331.68×$10^3 hm^2$。

在编制未来"十四五"畜牧业发展规划和确定未来养殖量时，必须采取从连到团再到师最后到兵团，从下到上的方式，组层级落实和统筹畜牧业用水来源问题。建议大型规模化养殖场必须采用双供水系统，或者拥有 2～3 天的存水系统，防止缺水或断水对养殖场的影响。

5. 粪污土地承载力分析

区域畜禽粪污土地承载力测定，可以间接反映当地畜禽饲养密度与布局的合理性。按照 2025 年全兵团畜禽粪污氮磷的承载力来看，整体畜禽粪污土地承载力不超载，全兵团达到 2025 年计划养殖量后，仍可增加 3 053 万个猪当量（即再增长 2025 年养殖猪当量的 2.33 倍），土地消纳粪污的潜力仍很大。

但兵团畜禽粪污土地承载力不超载，不能完全说明兵团内的所有土地承载力均不超载。以师为单位进行测算时，兵团第十二师就处于超载状态。第十二师紧邻乌鲁木齐市，是典型的城郊师，距城市消费市场近，具有城市"肉案子"保供给的职能，但同时由于城市的不断扩展，城郊农田被征用，种植面积压缩，致使畜禽粪污土地承载力超载，未来需要减少63.5万个猪当量，或者减少有机肥异地销售，才能达到畜禽粪污土地承载力的平衡。同理，一个地区的畜禽粪污土地承载力不超载，也不代表该地区内每个规模养殖场的土地承载力都不超载，而实质上每个养殖场不超载则更重要。本文开展的研究旨在用于规划需要层面的地区畜禽粪污土地承载力的测算，后续各师团的畜牧业发展规划，还需要对每个团以及团内的每个规模养殖场进行粪污土地承载力测算，每个养殖场均不超载，才能真正实现农牧业科学布局、种养平衡和高质量发展。

（五）结论

按照2025年全兵团牲畜计划养殖量，到2025年苜蓿缺口达到19.29万t，需要种植苜蓿32.15万亩；玉米青贮缺口达到687.07万t，需要种植玉米青贮171.78万亩；全兵团秸秆等主要粗饲料原料没有缺口，且有盈余169.63万t；全兵团籽实玉米缺口为337.04万t，需要种植玉米面积为392.82万亩，在自身扩大种植面积的同时，还需要从周边地方收购；全兵团棉粕没有缺口，且盈余60.99万t。

从用水增长率来看，兵团2025年畜禽饮用水需要量在2020年的基础上需要增长39.63%；从增长量来看，全兵团2025年畜禽饮用水需要量在2020年的基础上需要增加563.41万t。其中第十二师增长率需要增长最大，饮用水需要量在2020年的基础上需要增长294.94%；八师增长量需要增加最大，饮用水需要量在2020年的基础上需要增加88.52万t。养殖场选址布局建设（扩建）前应充分考虑当地水资源供给情况。

按照2025年全兵团畜禽粪污氮磷的承载力来看，整体畜禽粪污土地承载力不超载，全兵团达到2025年计划养殖量后仍可增加3 053万个猪当量（即再增长2025年养殖猪当量的2.33倍），土地消纳粪污的潜力仍很大。13个师中只有第十二师超载，以氮测算承载力指数为4.90（>1），以磷测算承载力指数为3.26（>1），均严重超载，需要进行调整。

总体来说，"十四五"兵团及13个农牧师畜禽养殖数量布局与其环境资源禀赋比较符合，但个别师仍需调整。

参 考 文 献

包维卿，刘继军，安捷，谢光辉，2018. 中国畜禽粪便资源量评估相关参数取值商榷 [J].
  农业工程学报，36（24）：314 - 322.

鲍士旦，2000. 土壤农化分析（第三版）[M]. 北京：中国农业出版社.

蔡绍洪，等，2015. 西部生态脆弱地区绿色增长极的构建：基于循环产业集群模式的研
  究 [M]. 北京：人民出版社.

曹卫星，2001. 作物学通论 [M]. 北京：高等教育出版社.

常志州，黄红英，靳红梅，等，2013. 农村面源污染治理的"4R"理论与工程实践——氮
  磷养分循环利用技术 [J]. 农业环境科学学报，32（10）：1901 - 1907.

常志州，靳红梅，黄红英，2013. 畜禽养殖场粪便清扫、堆积及处理单元氮损失率研究 [J].
  农业环境科学学报，32（5）：1068 - 1077.

陈百明，1991. 中国土地资源生产能力及人口承载量研究 [M]. 北京：中国人民大学出
  版社.

陈斌，2012. 猪生产 [M]. 郑州：河南科学技术出版社.

程智慧，2017. 园艺概论（第2版）[M]. 北京：科学出版社.

崔增团，顿志恒，2014. 测土配方施肥指南 [M]. 兰州：甘肃科学技术出版社.

《当代中国》丛书编辑部，1991. 当代中国的畜牧业 [M]. 北京：当代中国出版社.

邓蓉，张存根，王伟，2005. 中国畜牧业发展研究 [M]. 北京：中国农业出版社.

董红敏，朱志平，黄宏坤，等，2011. 畜禽养殖业产污系数和排污系数计算方法 [J]. 农
  业工程学报，27（1）：303 - 308.

董树亭，2003. 植物生产学 [M]. 北京：高等教育出版社.

高吉喜，2001. 可持续发展理论探索：生态承载力理论、方法与应用 [M]. 北京：中国环
  境科学出版社.

高祥照，等，2002. 肥料实用手册 [M]. 北京：中国农业出版社.

龚玉琴，杨金明，2013. 蔬菜营养特性与施肥技术 [M]. 银川：阳光出版社.

龚子同，1999. 中国土壤系统分类：理论·方法·实践 [M]. 北京：科学出版社.

龚子同，张甘霖，陈志诚，等，2007. 土壤发生与系统分类 [M]. 北京：科学出版社.

国家环保护总局自然生态保护司，2002. 全国规模化畜禽养殖业污染情况调查及防治对策 [M].
  北京：中国环境科学出版社.

国家环保总局，2007. 关于加强农村环境保护工作的意见：环发〔2007〕77 号［A/OL］. (2007-05-21)［2022-06-07］. https://www.mee.gov.cn/gkml/zj/wj/200910/t20091022_172461.htm.

国家畜禽遗传资源委员会办公室，2021. 关于公布《国家畜禽遗传资源品种名录（2021 年版）》的通知畜资委办〔2021〕1 号［EB/OL］. (2021-01-13)［2023-02-22］. http://www.moa.gov.cn/so/s? qt=%E5%9B%BD%E5%AE%B6%E7%95%9C%E7%A6%BD%E9%81%97%E4%BC%A0%E8%B5%84%E6%BA%90%E5%93%81%E7%A7%8D%E7%9B%AE%E5%BD%95%EF%BC%882021%E5%B9%B4%E7%89%88%EF%BC%89&tab=gk.

国家质量监督检验检疫总局，中国国家标准化管理委员会，2009. GB/T 17296—2009 中国土壤分类与代码［S］. 北京：中国标准出版社.

国家质量监督检验检疫总局，中国国家标准化管理委员会，2017. GB/T 21010—2017 土地利用现状分类［S］. 北京：中国标准出版社.

何萍，徐新朋，周卫，2018. 基于产量反应和农学效率的作物推荐施肥方法［M］. 北京：科学出版社.

黄昌勇，徐建明，2010. 土壤学［M］. 北京：中国农业出版社.

黄德明，1993. 作物营养和科学施肥［M］. 北京：中国农业出版社.

李和平，朱小甫，2018. 高效养猪：视频升级版（第 2 版）［M］. 北京：机械工业出版社.

李穗中，1991. 氧化塘污水处理技术［M］. 北京：中国环境科学出版社.

林大仪，2002. 土壤学［M］. 北京：中国林业出版社.

刘福元，2022. 奶牛场粪污处理与还田利用技术［M］. 北京：中国农业出版社.

刘黎明，2010. 土地资源学（第 5 版）［M］. 北京：中国农业出版社.

刘希财，李静，康俊，2016. 作物栽培学［M］. 延吉：延边大学出版社.

鲁如坤，1998. 土壤—植物营养学原理和施肥［M］. 北京：化学工业出版社.

陆欣，谢英荷，2011. 土壤肥料学（第 2 版）［M］. 北京：中国农业大学出版社.

吕贻忠，李保国，2006. 土壤学［M］. 北京：中国农业出版社.

马爱锄，2003. 西北开发资源环境承载力研究［D］. 咸阳：西北农林科技大学.

孟彦，陈鑫伟，李新国，2018. 作物栽培技术［M］. 北京：中国农业科学技术出版社.

慕成功，1994. 农作物配方施肥技术［M］. 北京：中国农业科技出版社.

农业部，2006. NY/T 1121.6—2006，土壤检测 第 6 部分：土壤有机质的测定［S］. 北京：中国农业出版社.

农业部，2006. 关于印发《全国畜牧业发展第十一个五年规划（2006—2010 年）》的通知［A/OL］. (2006-09-20)［2022-06-07］. http://www.moa.gov.cn/nybgb/2006/djiuq/201806/t20180616_6152337.htm.

农业部，2011. 关于印发《全国畜牧业发展第十二个五年规划（2011—2015 年）》的通知

[A/OL]. （2011 - 10 - 20）[2022 - 06 - 07]. http://www.moa.gov.cn/nybgb/2011/
　dshiq/201805/t20180523_6142892.htm.

农业部，2012. NY/T 1121.24—2012，土壤检测 第 24 部分：土壤全氮的测定自动定氮仪
　法 [S]. 北京：中国标准出版社.

农业部，2014. NY/T 2419—2013，植株全氮含量测定 自动定氮仪法 [S]. 北京：中国农
　业出版社.

农业部，2014. NY/T 2420—2013，植株全钾含量测定 火焰光度计法 [S]. 北京：中国农
　业出版社.

农业部，2014. NY/T 2421—2013，植株全磷含量测定 钼锑抗比色法 [S]. 北京：中国农
　业出版社.

农业部，2014. NY/T 2540—2014，肥料 钾含量的测定 [S]. 北京：中国农业出版社.

农业部，2014. NY/T 2541—2014，肥料 磷含量的测定 [S]. 北京：中国农业出版社.

农业部，2015. NY/T 1121.7—2014，土壤检测 第 7 部分：土壤有效磷的测定 [S]. 北京：
　中国农业出版社.

农业部，2016. NY/T 2911—2016，测土配方施肥技术规程 [S]. 北京：中国农业出版社.

农业部，2021. NY 525—2021，有机肥料 [S]. 北京：中国农业出版社.

农业部办公厅，2018. 关于印发《畜禽粪污土地承载力测算技术指南》的通知：农办牧
　〔2018〕1 号 [A/OL]. （2018 - 01 - 15）[2022 - 06 - 07]. http://www.moa.gov.cn/gk/
　tzgg_1/tfw/201801/t20180122_6135486.htm.

农业农村部，2021. 关于印发《"十四五"全国畜牧兽医行业发展规划》的通知：农牧发
　〔2021〕37 号 [A/OL]. （2021 - 12 - 14）[2022 - 06 - 07]. http://www.gov.cn/zhengce/
　zhengceku/2021 - 12/22/content_5663947.htm.

全国农业技术推广服务中心，2015. 测土配方施肥土壤基础养分数据集：2005—2014 [M].
　北京：中国农业出版社.

全国畜牧总站，中国饲料工业协会，国家畜禽养殖废弃物资源化利用科技创新联盟，2017.
　土地承载力测算技术指南 [M]. 北京：中国农业出版社.

申茂向，2009. 中国畜禽规模化养殖 [M]. 北京：中国农业科学技术出版社.

谭金芳，2011. 作物施肥原理与技术（第 2 版）[M]. 北京：中国农业大学出版社.

王方浩，马文奇，窦争霞，等，2006. 中国畜禽粪便产生量估算及环境效应 [J]. 中国环
　境科学，26（5）：614 - 617.

王会珍，2016. 高效养奶牛 [M]. 北京：机械工业出版社.

王凯军，2004. 畜禽养殖污染防治技术与政策 [M]. 北京：化学工业出版社.

王新谋，1997. 家畜粪便学 [M]. 上海：上海交通大学出版社.

威廉·福格特，1981. 生存之路 [M]. 北京：商务印书馆.

吴启堂，2011. 环境土壤学 [M]. 北京：中国农业出版社.

吴婉娥，葛红光，张克峰，2003. 废水生物处理技术 ［M］. 北京：化学工业出版社.

吴志勇，2012. 新疆生产建设兵团耕地土壤养分现状及演变规律 ［J］. 新疆农业科学，35（1）：57-61.

夏风竹，李云，2013. 奶牛高效养殖技术 ［M］. 石家庄：河北科学技术出版社.

先元华，2014. "三废"处理与循环经济 ［M］. 北京：化学工业出版社.

肖冠华，2018. 这样养肉兔才赚钱 ［M］. 北京：化学工业出版社.

谢高地，曹淑艳，鲁春霞，等，2011. 中国生态资源承载力研究 ［M］. 北京：科学出版社.

新疆生产建设兵团土壤普查办公室，1993. 新疆生产建设兵团垦区土壤 ［M］. 新疆：新疆科技卫生出版社.

邢顺林，丁燕，黄文娟，2018. 植物学核心理论及其保护与利用研究 ［M］. 北京：中国水利水电出版社.

熊顺贵，2001. 基础土壤学 ［M］. 北京：中国农业大学出版社.

严昶升，1988. 土壤肥力研究方法 ［M］. 北京：中国农业出版社.

颜景辰，2008. 中国生态畜牧业发展战略研究 ［M］. 北京：中国农业出版社.

杨艳，武占省，杨波，2014. 环境化学理论与技术研究 ［M］. 北京：中国水利水电出版社.

姚新奎，韩国才，2008. 马生产管理学 ［M］. 北京：中国农业大学出版社.

原华荣，2008. 土地承载力的相关理论和实践问题 ［J］. 中国东西部合作研究 .

苑静，唐文华，蒋向辉，2015. 环境化学教程 ［M］. 成都：西南交通大学出版社.

曾维华，2014. 环境承载力理论、方法及应用 ［M］. 北京：化学工业出版社.

张波英，薛会友，2014. 规模化猪场饲养管理技术 ［M］. 天津：天津科学技术出版社.

张克强，高怀友，2004. 畜禽养殖业污染物处理与处置 ［M］. 北京：化学工业出版社.

张扬珠，2018. 肥料使用技术 ［M］. 长沙：湖南科学技术出版社.

张英杰，2015. 羊生产学（第 2 版）［M］. 北京：中国农业大学出版社.

赵茹茜，2011. 动物生理学（第 5 版）［M］. 北京：中国农业大学出版社.

赵世臻，宋百军，张秀莲，等，2010. 高效健康养鹿关键技术 ［M］. 北京：化学工业出版社.

赵微平，1983. 土壤和作物养分的测定及施肥 ［M］. 北京：化学工业出版社.

赵伟刚，魏海军，2017. 高效养貂 ［M］. 北京：机械工业出版社.

赵伟刚，赵家平，2017. 高效养貉 ［M］. 北京：机械工业出版社.

赵玥，李翠霞，2021. 畜禽粪污治理政策演化研究 ［J］. 农业现代化研究，42（2）：232-241.

郑久坤，杨军香，2013. 粪污处理主推技术 ［M］. 北京：中国科学技术出版社.

中国科学院南京土壤研究所土壤系统分类课题组，中国土壤系统分类课题研究协作组，

2001. 中国土壤系统分类检索（第三版）[M]. 合肥：中国科学技术大学出版社.

周巨根，朱永兴，2013. 茶学概论（第2版）[M]. 北京：中国中医药出版社.

朱道林，2016. 土地管理学（第2版）[M]. 北京：中国农业出版社.

朱鹤健，陈健飞，陈松林，2019. 土壤地理学（第三版）[M]. 北京：高等教育出版社.

朱旗，2013. 茶学概论 [M]. 北京：中国农业出版社.

附 录

一、不同规模猪场猪群结构

表 1 不同规模猪场猪群结构

猪群类别	不同规模生产母猪存栏猪数（头）					
	100	200	300	400	500	600
空怀配种母猪	25	50	75	100	125	150
妊娠母猪	51	102	156	204	252	312
分娩母猪	24	48	72	96	126	144
后备母猪	10	20	26	39	46	52
公猪（包括后备公猪）	5	10	15	20	25	30
哺乳母猪	200	400	600	800	1 000	1 200
幼猪	216	438	654	876	1 092	1 308
育肥猪	495	990	1 500	2 010	2 505	3 015
合计存栏	1 026	2 058	3 098	4 145	5 354	6 211
全年上市商品猪	1 612	3 432	5 148	6 916	8 632	10 348

二、中国土壤质地分类

表 2 中国土壤质地分类

质地组	质地名称	颗粒组成（%）（粒径：mm）		
		砂粒 （1～0.05mm）	粗粉粒 （0.05～0.01mm）	细黏粒 （<0.001mm）
砂土	极重砂土	＞80		<30
	重砂土	70～80		
	中砂土	60～70		
	轻砂土	50～60		
壤土	砂粉土	≥20	≥40	<30
	粉土	<20		
	砂壤	≥20	<40	
	壤土	<20		

（续）

质地组	质地名称	颗粒组成（%）（粒径：mm）		
		砂粒 （1～0.05mm）	粗粉粒 （0.05～0.01mm）	细黏粒 （<0.001mm）
黏土	轻黏土			30～35
	中黏土			35～40
	重黏土			40～60
	极重黏土			>60

三、土壤肥力指标体系

表3　土壤肥力指标体系

土壤肥力指标体系			
土壤营养（化学）指标	土壤物理性状指标	土壤生物学指标	土壤环境指标
1. 全氮	1. 质地	1. 有机质	1. 土壤 pH
2. 全磷	2. 容重	2. 腐殖酸（富里酸、胡敏酸）	2. 地下水深度
3. 全钾	3. 水稳性团聚体		3. 坡度
4. 碱解氮	4. 孔隙度（总、毛管、非毛管）	3. 微生物碳	4. 林网化水平
5. 有效磷	5. 土壤耕层温度变幅	4. 微生物氮	
6. 有效钾	6. 土层厚度	5. 土壤酶活性（脲酶、蛋白酶、过氧化氢酶、转化酶、磷酸酶等）	
7. 阳离子交换量	7. 土壤含水量		
8. 碳氮比	8. 黏粒含量		

四、土壤有机质和大量元素养分分级指标

表4　土壤有机质和大量元素养分分级指标

级别	养分指标				
	有机质 （g/kg）	全氮 （g/kg）	碱解氮 （mg/kg）	有效磷 （mg/kg）	速效钾 （mg/kg）
一级（低）	<6	<0.5	<30	<5	<50
二级（较低）	6～10	0.5～1.0	30～60	5～10	50～150
三级（中）	10～20	1.0～1.5	60～90	10～20	150～250
四级（较高）	20～30	1.5～2.0	90～120	20～30	250～350
五级（高）	30～40	2.0～2.5	120～150	30～40	350～450
六级（极高）	>40	>2.5	>150	>40	>450

五、中国土壤基础养分数据

表5 全国各省土壤基础养分数据

	有机质 （g/kg）	全氮 （g/kg）	有效磷 （mg/kg）	速效钾 （mg/kg）	pH
北京	13.78	0.952	26	121.3	7.7
天津	18.44	1.104	27.2	194.8	8.2
河北	15.93	0.927	20.9	122.4	8
内蒙古	24.12	1.317	13.2	144.6	7.8
山西	13.88	0.795	11.6	134	8.2
山东	13.74	0.914	29.9	124.9	7.1
河南	15.83	0.955	15.3	120.6	7.5
辽宁	17.25	1.118	24.4	84.1	6.3
吉林	26.15	1.224	22.7	119.5	6.6
黑龙江	40.43	2.125	27.8	169	6.1
上海	26.47	1.597	37.1	128	6.9
江苏	20.16	1.291	14.7	112.1	7.3
浙江	27.82	1.822	21.5	86.8	5.6
江西	30.12	1.398	15.2	77.7	5.1
安徽	21.64	1.264	16.9	108.6	6.3
福建	26.36	1.337	22.7	73.4	5
湖北	22.61	1.297	14.3	103.6	6.2
湖南	33.87	1.836	17.9	96.8	5.9
广西	30.91	1.784	18.3	70.8	5.7
广东	24.02	1.321	30.7	72.8	5.4
海南	18.79	0.962	21.1	45.5	5.1
四川	22.95	1.31	16.2	89.7	6.7
重庆	19.19	1.196	13.1	89.1	6.2
云南	32.94	1.837	21.3	136.1	6.1
贵州	35.37	1.958	16.1	134.3	6.2
西藏	27.25	1.644	11.4	112.1	7.7
陕西	14.84	0.879	18.4	146.6	7.8
甘肃	14.34	0.869	16.4	150.1	8.2
宁夏	13.61	0.871	22.1	162.2	8.5
青海	23.64	1.446	21.9	188.9	8.1
新疆	16.64	0.785	13.5	186.5	8.1

表 6 中国区域土壤基础养分数据

	有机质 (g/kg)	全氮 (g/kg)	有效磷 (mg/kg)	速效钾 (mg/kg)	pH
华北区	17.24	1.024	18.3	127.7	7.7
东北区	34.70	1.986	25.9	148.9	6.3
华东区	23.22	1.332	17.5	102.5	6
华南区	28.71	1.57	18.7	90.1	5.9
西南区	27.29	1.662	16.6	108.9	6.4
西北区	15.51	0.903	17.2	151.5	8
全国	24.65	1.302	19.2	120.6	6.7